班组安全行丛书

个人防护知识

（第三版）

谢振华　主编

U0341625

中国劳动社会保障出版社

图书在版编目（CIP）数据

个人防护知识／谢振华主编. -- 3 版. -- 北京：中国劳动社会保障出版社，2022

（班组安全行丛书）

ISBN 978-7-5167-5640-9

Ⅰ.①个… Ⅱ.①谢… Ⅲ.①劳动安全-安全防护-基本知识 Ⅳ.①X925

中国版本图书馆 CIP 数据核字（2022）第 195165 号

中国劳动社会保障出版社出版发行

（北京市惠新东街 1 号　邮政编码：100029）

*

三河市华骏印务包装有限公司印刷装订　　新华书店经销

880 毫米×1230 毫米　32 开本　4.75 印张　106 千字

2022 年 11 月第 3 版　　2022 年 11 月第 1 次印刷

定价：**22.00 元**

营销中心电话：400-606-6496

出版社网址：http://www.class.com.cn

内容简介

　　本书主要讲述劳动者使用劳动防护用品的相关知识。本书内容包括劳动防护用品的基本概念、劳动防护用品管理规定、头部防护用品的使用、呼吸器官防护用品的使用、眼面部防护用品的使用、防护服的使用、鞋类防护用品的使用、防坠落用品的使用以及其他防护用品的使用等。

　　本书叙述简明扼要，内容通俗易懂，并配有一些事故案例，既可作为班组安全生产教育培训的教材，也可供从事安全生产工作的有关人员参考、使用。

前言

　　班组是企业最基本的生产组织，是实际完成各项生产工作的部门，始终处于安全生产的第一线。班组的安全生产，对于维持企业正常生产秩序，提高企业效益，确保职工安全健康和企业可持续发展具有重要意义。据统计，在企业的伤亡事故中，绝大多数属于责任事故，而90%以上的责任事故又发生在班组。可以说，班组平安则企业平安，班组不安则企业难安。由此可见，班组的安全生产教育培训直接关系企业整体的生产状况乃至企业发展的安危。

　　为适应各类企业班组安全生产教育培训的需要，中国劳动社会保障出版社组织编写了"班组安全行丛书"。该丛书自出版以来，受到广大读者朋友的喜爱，成为他们学习安全生产知识、提高安全技能的得力工具。其间，我社对大部分图书进行了改版，但随着近年来法律法规、技术标准、生产技术的变化，不少读者通过各种渠道给予意见反馈，强烈要求对这套丛书再次进行改版。为此，我社对该丛书重新进行了改版。改版后的丛书共包括17种图书，具体如下：

　　《安全生产基础知识（第三版）》《职业卫生知识（第三版）》《应急救护知识（第三版）》《个人防护知识（第三版）》《劳动权益与工伤保险知识（第四版）》《消防安全知识（第四版）》《电气安全知识（第三版）》《危险化学品作业安全知识》《道路交通运输安全知识（第二版）》《金属冶炼安全知识（第二版）》《焊接安全知识

（第三版）》《起重安全知识（第二版）》《高处作业安全知识（第二版）》《有限空间作业安全知识（第二版）》《锅炉压力容器作业安全知识（第二版）》《机加工和钳工安全知识（第二版）》《企业内机动车辆安全知识（第二版）》。

该丛书主要有以下特点：一是具有权威性。丛书作者均为全国各行业长期从事安全生产、劳动保护工作的专家，既熟悉安全管理和技术，又了解企业生产一线的情况，所写内容准确、实用。二是针对性强。丛书在介绍安全生产基础知识的同时，以作业方向为模块进行分类，每分册只讲述与本作业方向相关的知识，因而内容更加具体，更有针对性。班组可根据实际需要选择相关作业方向的分册进行学习。三是通俗易懂。丛书以问答的形式组织内容，而且只讲述最常见、最基本的知识和技术，不涉及深奥的理论知识，因而适合不同学历层次的读者阅读使用。

该丛书按作业内容编写，面向基层，面向大众，注重实用性，紧密联系实际，可作为企业班组安全生产教育培训的教材，也可供从事安全生产工作的有关人员参考、使用。

目录

IV

V

VI

劳动防护用品的基本概念

一、劳动防护用品及其作用

1. 什么是劳动防护用品？

劳动防护用品也称个体防护装备，是用人单位提供的，保护劳动者在职业活动中免遭或减轻物理、化学、生物等外界因素伤害所穿戴、配备和使用的护品的总称。

◎**事故案例**

劳动防护用品在劳动者个人防护方面发挥着非常重要的作用。现实中，因忽视劳动防护用品的穿（佩）戴而造成的伤亡事故屡有发生。

（1）某日，某化工厂检修人员在抢修氯压机时，发生少量氯气泄漏，但当时刮着风，检修人员在上风方向进行抢修，因此没有闻到氯气。他们想尽快干完，所以都没戴防毒口罩。可是，当他们检修完毕，4人抬着电机正准备安装时，被一股刺鼻的氯气呛得面色苍白，四肢无力，差点休克，只得集体去医院吸氧。

（2）某日，某化工厂浓硫酸泵发生故障，须立即组织人员进行抢修。抢修人员均穿（佩）戴了雨衣、防毒口罩、防水鞋、防酸手套、安全帽等，却忘记戴防酸眼镜。开始时，抢修工作进展顺利。但在要收工、试车时，一位检修人员上前查看，一股刺鼻而又强烈的浓硫酸呈柱状喷了出来，溅满其脸部、身上，双眼因没戴防酸眼镜被严重灼伤。

（3）某日，某电厂一名职工因穿化纤工作服带电误操作，被电弧击中，造成全身大面积烧伤的重伤事故。此次事故不仅使该职工留下了残疾，同时给企业造成 20 多万元的直接经济损失。

教训惨痛，劳动者应该牢记：劳动防护用品千万不能忽视，它是劳动者的保护伞。

2. 劳动防护用品的作用是什么？

劳动防护用品是保障劳动者安全与健康的辅助性、预防性装备，用人单位不得以劳动防护用品替代工程防护设施和其他技术、管理措施。

劳动防护用品供劳动者个人随身使用，是保护劳动者不受事故伤害和职业危害的最后一道防线。当职业安全卫生技术措施尚不能消除生产劳动过程中的危险和有害因素，尚达不到国家标准、行业标准及有关规定，也暂时无法进行技术改造时，使用劳动防护用品就成为既能完成生产劳动任务，又能保障劳动者安全与健康的唯一手段。劳动防护用品主要有以下两个方面的作用。

（1）隔离和屏蔽作用。隔离和屏蔽作用是指使用一定的隔离或屏蔽体使劳动者免受有害因素的侵害。例如，某些劳动防护用品能很好地隔绝外界的某些刺激，避免皮肤发生皮炎等病态反应。

（2）过滤和吸附（收）作用。过滤和吸附（收）作用是指借助劳动防护用品中某些聚合物本身的活性基团对毒物的吸附作用，洗涤空气。例如，可用活性炭等多孔物质进行吸附排毒。

3. 劳动防护用品的基本要求是什么?

劳动防护用品直接关系劳动者的安全和健康，必须符合国家标准或者行业标准的要求，其基本要求如下：

（1）必须严格保证质量，具有足够的防护性能，确保安全可靠；

（2）劳动防护用品所选用的材料必须符合人体生理要求，不能成为危害因素的来源；

（3）劳动防护用品要使用方便，不影响正常工作。

4. 劳动防护用品的特点有哪些?

（1）特殊性。劳动防护用品不同于一般的商品，它是保障劳动者安全与健康的特殊用品，用人单位必须按照国家和省、市劳动防护用品有关标准进行选择和发放。

（2）适用性。劳动防护用品的适用性既包括选用的适用性，也包括使用的适用性。选用的适用性是指必须根据不同的工种和作业环境以及使用者的自身特点等选用合适的劳动防护用品。例如，对于耳塞和防噪声帽（有大小型号之分），如果选择的型号太小，就不能很好地起到防噪声的作用。使用的适用性是指劳动者应在进入工作岗位时使用劳动防护用品，这不仅要求劳动防护用品的防护性能可靠，确保使用者的安全，还要求劳动防护用品适用性能好、方便、灵活，确保使用者乐于使用。

（3）时效性。劳动防护用品均有一定的使用寿命。例如，橡胶、塑料等制品长时间受紫外线及温度影响会逐渐老化而易折断。有些护目镜和面罩受光线照射和擦拭影响，或者受空气中酸、碱蒸气的腐蚀，镜片的透光率会逐渐下降，进而失去使用价值。电绝缘鞋（靴）、防静电鞋和导电鞋等，随着鞋底的磨损，其电性能将会发生改变。一些劳动防护用品的零件长期使用会磨损，影响力学性能。有些劳动防护用品的保存条件（如温度、湿度等）也会影响其使用寿命。

二、劳动防护用品的分类及选用

5. 劳动防护用品如何分类？

按照劳动防护用品的用途以及防护部位的不同，可以对劳动防护用品进行不同分类。

（1）以防止伤亡事故为目的的劳动防护用品，具体分类如下：

1）防坠落用品，如安全带、安全网等；

2）防冲击用品，如安全帽、防冲击护目镜等；

3）防触电用品，如绝缘服、电绝缘鞋、等电位工作服等；

4）防机械伤害用品，如防刺、割、绞、碾、磨损的防护服、鞋、手套等；

5）防酸碱用品，如耐酸碱手套、防护服、防护靴等；

6）耐油用品，如耐油防护服、鞋、靴等；

7）防水用品，如胶制工作服、雨衣、雨鞋和雨靴、防水手套等；

8）防寒用品，如防寒服、鞋、帽、手套等。

（2）以预防职业病为目的的劳动防护用品，具体分类如下：

1）防尘用品，如防尘口罩、防尘服等；

2）防毒用品，如防毒面具、防毒服等；

3）防放射性用品，如防放射性服、铅玻璃眼镜等；

4）防热辐射用品，如隔热防护服、防辐射隔热面罩、电焊手套、有机防护眼镜等；

5）防噪声用品，如耳塞、耳罩、耳帽等。

（3）按人体防护部位分类的劳动防护用品，具体如下：

1）头部防护用品，如防护帽、安全帽、防寒帽、防昆虫帽等；

2）呼吸器官防护用品，如防尘口罩（面罩）、防毒口罩（面罩）等；

3）眼面部防护用品，如焊接护目镜、炉窑护目镜、防冲击护目镜等；

4）听觉器官防护用品，如耳塞、耳罩和防噪声头盔；

5）手部防护用品，如一般防护手套、各种特殊防护（防水、防寒、防高温、防振）手套、绝缘手套等；

6）足部防护用品，如防尘鞋、防水鞋、防油鞋、防滑鞋、防高温鞋、防酸碱鞋、防振鞋及电绝缘鞋（靴）等；

7）躯干防护用品，通常称为防护服，如一般防护服、防水服、防寒服、防油服、防电磁辐射服、隔热服、防酸碱服等；

8）护肤用品，主要有防毒、防腐、防辐射、防油漆等不同功能的护肤用品；

9）坠落防护用品，主要有安全带、安全绳等；

10）其他劳动防护用品。

6. 劳动防护用品的配备流程是什么？

用人单位应根据辨识的作业场所危害因素和危害评估结果，结合劳动防护用品的防护部位、防护功能、适用范围和对作业环境和使用者的适合性，选择合适的劳动防护用品。劳动防护用品的配备流程如图 1-1 所示。

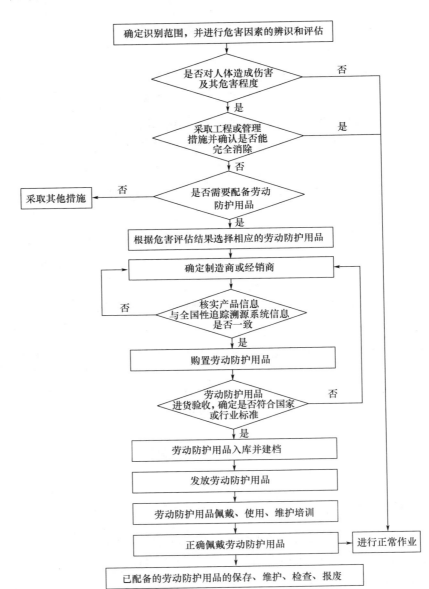

图 1-1　劳动防护用品配备流程

7. 如何根据工作场所的有害因素选用劳动防护用品？

（1）粉尘有害因素。《工作场所有害因素职业接触限值 第1部分：化学有害因素》（GBZ 2.1—2019）规定了工作场所空气中对人体健康有损害的48种具体粉尘和其他粉尘的职业接触限值。工作场所空气中粉尘浓度超过职业接触限值，应采用防颗粒物的呼吸器。呼吸器的选择可参照《呼吸防护用品的选择、使用与维护》（GB/T 18664—2002）。其中，自吸过滤式防颗粒物呼吸器（又称防尘口罩）应符合《呼吸防护 自吸过滤式防颗粒物呼吸器》（GB 2626—2019）的规定，送风过滤式呼吸器应符合《呼吸防护 动力送风过滤式呼吸器》（GB 30864—2014）的规定。

（2）化学有害因素。《工作场所有害因素职业接触限值 第1部分：化学有害因素》（GBZ 2.1—2019）规定了工作场所空气中358种化学有害因素的职业接触限值。如果工作场所空气中化学物质浓度超过职业接触限值，用人单位除应采取防毒工程技术措施外，还应提供劳动防护用品。这类劳动防护用品应符合《呼吸防护用品的选择、使用与维护》（GB/T 18664—2002）、《呼吸防护 自吸过滤式防毒面具》（GB 2890—2009）、《防护服装 化学防护服的选择、使用和维护》（GB/T 24536—2009）、《呼吸防护 长管呼吸器》（GB 6220—2009）、《呼吸防护 自给闭路式氧气逃生呼吸器》（GB/T 38228—2019）、《自给开路式压缩空气呼吸器》（GB/T 16556—2007）等的规定。

（3）物理有害因素。工作场所物理有害因素包括噪声、振动、辐射、高温、低温、高气压、低气压、电危害、静电危害等，工作场所中这些有害因素的职业接触限值在《工作场所有害因素职业接触限值 第2部分：物理因素》（GBZ 2.2—2007）中有相应规定。针对不同的物理有害因素，应选用相应的劳动防护用品。

接触噪声的劳动者，当 8 h 等效噪声大于或等于 80 dB 且小于 85 dB 时，用人单位应当根据劳动者需求为其配备适用的护听器；当 8 h 等效噪声大于或等于 85 dB 时，用人单位必须参照《护听器的选择指南》（GB/T 23466—2009），为劳动者配备适用的护听器，并指导劳动者正确佩戴和使用。

存在电离辐射危害的工作场所，经危害评价确认劳动者应佩戴劳动防护用品的，用人单位可参照电离辐射的相关标准及《个体防护装备配备规范》（GB 39800—2020），为劳动者配备劳动防护用品，并指导劳动者正确佩戴和使用。例如，防紫外辐射和红外辐射伤害的焊接护目镜和防护面罩应符合《职业眼面部防护　焊接防护　第 1 部分：焊接防护具》（GB/T 3609.1—2008）和《职业眼面部防护　焊接防护　第 2 部分：自动变光焊接滤光镜》（GB/T 3609.2—2009）的规定，高温辐射场所选用的阻燃防护服应符合《防护服装　阻燃服》（GB 8965.1—2020）的规定。

有静电危害的工作场所应选用防静电工作服和防静电鞋，产品应符合《防护服装　防静电服》（GB 12014—2019）的规定。防止电危害，应选用带电作业用屏蔽服或高压静电防护服以及电绝缘鞋（靴）、电绝缘手套等，产品应符合《带电作业用屏蔽服装》（GB/T 6568—2008）、《足部防护　安全鞋》（GB 21148—2020）和《带电作业用绝缘手套》（GB/T 17622—2008）等规定。

（4）生物有害因素。生物有害因素引起的感染有接触皮毛、动物引起的炭疽杆菌感染、布氏杆菌感染，森林采伐引起的森林脑炎病毒感染，医护人员接触患者引起的细菌、病毒性感染等。在存在生物有害因素的工作场所工作时，所选用的呼吸器官防护用品和防护服应符合相关标准的规定。例如，医护人员选用的呼吸器官防护用品应符合《医用防护口罩技术要求》（GB 19083—2010）的规定，选用的防护服应符合《医用一次性防护服技术要求》（GB 19082—2009）的规定。

8. 如何根据作业类别选用劳动防护用品？

《个体防护装备配备规范 第1部分：总则》（GB 39800.1—2020）中列举了35种常见的作业类别及可能造成的事故或伤害类型，用人单位应根据作业类别、事故或伤害类型选择合适的劳动防护用品。例如，高处作业（如室外建筑安装、架线、高崖作业、货物堆砌）可能造成高处坠落等事故，可以选用安全带、安全网、安全帽、安全绳等；存在物体坠落、撞击的作业（如建筑安装、桥梁建设、采矿、钻探、造船、起重、森林采伐）可能造成物体打击、起重伤害等事故，可以选用安全帽、防砸鞋（靴）、防刺穿鞋、安全网等。

9

9. 如何根据有害因素对人体的作用部位选用劳动防护用品？

如果有害因素会伤害头部、耳、眼面、手臂、躯干、皮肤、足部等部位，应根据不同部位选用相对应的劳动防护用品。例如，对于存在头部伤害的作业，应该选用安全帽、防护头罩。

10. 如何根据人体尺寸选用劳动防护用品？

劳动者使用的劳动防护用品只有与劳动者个人尺寸相匹配，才能发挥最好的防护功能。因此，在选用劳动防护用品时，应有不同型号供劳动者选用。

◎相关知识

劳动防护用品不是可有可无的物品，它是保障劳动者安全和健康的最后一道防线，用人单位应遵循国家法律法规，选用符合国家标准或行业标准要求的劳动防护用品，并为劳动者配发。用人单位必须购买、使用获得安全标志的劳动防护用品。

11. 如何确定劳动防护用品的使用期限？

劳动防护用品的使用期限与作业场所环境、劳动防护用品使用频率、劳动防护用品自身性质等多方面因素有关。例如，某省根据作业环境，将厂矿企业内安全帽的使用期限规定如下：冶金轧钢厂中的板坯作业安全帽使用期限为 36 个月，冷水作业安全帽使用期限为 48 个月，煤炭作业、土建作业安全帽使用期限为 24 个月，地质勘探作业的安装工、钻探工、采样工安全帽的使用期限为 12 个月。一般来说，使用期限应考虑以下 3 个因素。

（1）腐蚀程度。根据不同作业对劳动防护用品的腐蚀程度，可将作业划分为重腐蚀作业、中腐蚀作业和轻腐蚀作业。腐蚀程度反映劳动防护用品在作业环境和各工种的使用状况。

（2）受损耗情况。根据防护功能降低的程度，可将劳动防护用品分为易受损耗、中等受损耗和强制性报废。受损耗情况反映劳动防护用品的防护性能情况。

（3）耐用性能。根据使用周期，可将劳动防护用品分为耐用、中等耐用和不耐用。耐用性能反映劳动防护用品材质状况和综合质量。例如，用耐高温阻燃纤维织物制成的阻燃防护服要比用阻燃剂处理的阻燃织物制成的阻燃防护服耐用。

12. 劳动防护用品的报废条件有哪些？

当符合下述条件之一时，劳动防护用品应予以报废，不得继续使用：

（1）不符合国家标准、行业标准或地方标准；

（2）超过有效期；

（3）经检验或检查为不合格；

（4）功能已经失效；

（5）使用说明书中规定的其他判废或更换条件。

◎ **相关知识**

劳动防护用品因破损导致防护功能失效或劳动防护用品超过有效期时，应及时从作业现场清理出来，并由专人监督销毁。对销毁的劳动防护用品的品种、数量、来源、销毁原因等情况要进行详细记录，经办人员和监督人员签字后存档。严禁失效的劳动防护用品外流，避免因误用而引发事故。

第二部分 劳动防护用品管理规定

一、劳动防护用品的配备

13. 我国法律对劳动防护用品的配备有哪些规定？

《中华人民共和国安全生产法》第四十五条规定，生产经营单位必须为从业人员提供符合国家标准或者行业标准的劳动防护用品，并监督、教育从业人员按照使用规则佩戴、使用。第四十七条规定，生产经营单位应当安排用于配备劳动防护用品、进行安全生产培训的经费。

《中华人民共和国职业病防治法》第二十二条规定，用人单位必须采用有效的职业病防护设施，并为劳动者提供个人使用的职业病防护用品。用人单位为劳动者个人提供的职业病防护用品必须符合防治职业病的要求；不符合要求的，不得使用。第二十五条第三款规定，对职业病防护设备、应急救援设施和个人使用的职业病防护用品，用人单位应当进行经常性的维护、检修，定期检测其性能和效果，确保其处于正常状态，不得擅自拆除或者停止使用。

《中华人民共和国劳动法》第五十四条规定，用人单位必须为劳动者提供符合国家规定的劳动安全卫生条件和必要的劳动防护用品，对从事有职业危害作业的劳动者应当定期进行健康检查。

14. 用人单位配备劳动防护用品的要求有哪些?

为了加强用人单位劳动防护用品的管理，保护劳动者的生命安全和职业健康，依照《中华人民共和国安全生产法》《中华人民共和国职业病防治法》等法律、行政法规和规章，原国家安全监管总局发布了《用人单位劳动防护用品管理规范》。国家卫生健康委员会于2020年12月31日发布了《工作场所职业卫生管理规定》，自2021年2月1日起施行。

根据上述法律法规，劳动防护用品的配备要求主要有如下几点。

（1）劳动防护用品是由用人单位提供的，保障劳动者安全与健康的辅助性、预防性措施，不得以劳动防护用品替代工程防护设施和其他技术、管理措施。

（2）用人单位应当安排专项经费用于配备劳动防护用品，不得以货币或者其他物品替代。该项经费计入生产成本，据实列支。

（3）用人单位应当为劳动者提供符合国家标准或者行业标准的劳动防护用品。使用进口的劳动防护用品，其防护性能不得低于我国相关标准。用人单位应当对劳动防护用品进行经常性的维护、保养，确保劳动防护用品有效，不得使用不符合标准或者已经失效的劳动防护用品。

（4）用人单位使用的劳务派遣工、接纳的实习学生应当纳入本单位人员统一管理，并配备相应的劳动防护用品。对处于作业地点的其他外来人员，必须按照与进行作业的劳动者相同的标准，正确佩戴和使用劳动防护用品。

（5）用人单位应当根据劳动者工作场所中存在的危险和有害因素种类及危害程度、劳动环境条件、劳动防护用品有效使用时间制定适合本单位的劳动防护用品配备标准。

（6）用人单位应当按照发放周期定期发放劳动防护用品，对工作过程中损坏的劳动防护用品，用人单位应及时更换。

◎**事故案例**

龙某是某建筑工程公司第七建筑队招用的农民工，公司与其签订了劳动合同，合同期为当年 9 月 3 日至第二年 9 月 5 日。龙某在建筑队从事沥青熬炒作业。龙某工作 2 个多月后，看到同组的其他几名工人领取了工作服及防护眼镜等用品，便去找有关部门。有关部门告知，因龙某是农民工，属临时招用，厂里规定不发工作服和其他用品，且劳动合同中也规定工作服自备。龙某为此找到建筑队领导，得到的是同样的答复。于是，在当年 12 月 19 日，龙某向当地劳动争议仲裁委员会提出申诉，要求该公司发放个人劳动防护用品。仲裁委员会受理此案后，经调查龙某所诉情况属实，经调解，该公司同意为龙某发放工作服、防护眼镜、手套等个人劳动防护用品，龙某撤诉。

该案中，用人单位违法事实是明显的，其不向劳动者发放个人劳动防护用品的理由是不能成立的。根据有关法律规定，用人单位必须为劳动者（包括被派遣劳动者、临时聘用人员、实习人员）提供符合要求的劳动防护用品。

15. 劳动者关于劳动保护的权利有哪些?

（1）我国法定职业病分为 10 大类 132 种。凡从事有粉尘、有害气体、噪声等有害作业者，劳动者有定期进行健康检查的权利。除此之外，劳动者还具有以下基本权利。

1）知情权。劳动者有权了解工作场所产生或者可能产生的危害因素、危害后果、防范措施及事故应急措施，有权了解健康检查结果。

2）培训权。劳动者享有接受职业安全卫生教育、培训的权利。

3）获得保护权。用人单位与劳动者订立的劳动合同，应当载明有关保障劳动者劳动安全、防止职业危害的事项，以及依法为劳动者办理工伤保险的事项。

4）紧急避险权。劳动者发现直接危及人身安全的紧急情况时，有权停止作业或者在采取可能的应急措施后撤离作业场所。

5）请求建议权。劳动者有权对本单位的安全生产、职业病防治工作提出意见和建议。

6）检举、控告权。劳动者享有对用人单位违反安全生产及职业病防治法律、法规，侵害劳动者健康权益的行为进行检举和控告的权利。

7）依法拒绝作业权。劳动者有权拒绝在没有安全卫生防护条件下从事有职业危害的作业，有权拒绝违章指挥和强令冒险作业。

8）要求赔偿权。因事故、职业危害造成伤亡或健康损害的，劳动者依法享有要求赔偿的权利。

9）参与决策权。劳动者享有参与用人单位职业安全卫生民主管理、民主监督的权利。

10）特殊保护权。发生工伤或患职业病的劳动者依法享有工伤保险待遇，未成年工、女职工、有职业禁忌的劳动者享有特殊的劳动保护权利。

（2）劳动者有权要求用人单位为其提供符合国家标准或者行业标准的劳动防护用品，用人单位应监督、教育劳动者按照使用规则佩戴、使用。

（3）劳动者有权要求用人单位提供符合防治职业病要求的职业

病防护设施和个人使用的职业病防护用品，改善工作条件。

（4）劳动者有权要求用人单位提供符合防治职业病要求的职业中毒危害防护设施和个人使用的职业中毒危害防护用品，改善工作条件。

16. 劳动者关于劳动保护的义务有哪些?

劳动者在劳动过程中，应当严格遵守该单位的安全生产规章制度和操作规程，服从管理，正确佩戴和使用劳动防护用品。与此同时，劳动者在职业活动中应履行以下几项义务：

（1）严格遵守安全卫生法规及有关规章制度和操作规程，正确选择、使用、维护安全防护设备和劳动防护用品；

（2）接受职业安全卫生教育和培训，自觉学习，熟练掌握有关安全卫生知识、技能，提高应急处理能力；

（3）发现安全卫生隐患时应立即报告。

二、劳动防护用品的使用和管理

17. 使用劳动防护用品应注意哪些事项?

劳动者在作业过程中，应当按照规章制度和劳动防护用品使用规则，正确佩戴和使用劳动防护用品。劳动防护用品是根据生产工作的实际需要发给个人的，每个劳动者在生产工作中都要好好地利用它，以达到预防事故、保障个人安全的目的。使用劳动防护用品要注意的问题如下。

（1）所使用的劳动防护用品必须是正规厂家生产的、符合国家标准或行业标准的产品。

（2）劳动者在使用前应对劳动防护用品进行检查，确保外观完好、部件齐全、功能正常。

（3）用人单位应对使用劳动防护用品的劳动者进行教育和培训，使其充分了解使用目的和意义，并正确使用。对于结构和使用方法较为复杂的劳动防护用品，如呼吸防护器，应进行反复训练，使劳动者能熟练使用。用于紧急救护的呼吸器，要定期严格检验，并妥善存放在可能发生事故的地点附近，以方便取用。

（4）要善于维护和保养劳动防护用品，这样不但能延长其使用期限，更重要的是能保障劳动防护用品的防护效果。例如，耳塞、口罩、面罩等用后应用肥皂、清水洗净，并用药液消毒、晾干。过滤式呼吸防护器的滤料要定期更换，以防失效。防止皮肤污染的工作服用后应集中清洗。

（5）用人单位应当定期对劳动防护用品的使用情况进行检查，确保劳动者正确使用。

◎**事故案例**

某年夏天，在安徽省某铁路货运场，3 名装卸工卸载危险化学品硫酸。按正常程序，他们先将槽车的上出料管与输送管法兰连接好，对槽内加压。当压力达到要求后硫酸却未流出，随后他们放气减压并打开槽口大盖进行检查，发现槽内出料管堵塞。于是 3 人将法兰拆开，用钢管插入出料管进行疏通。出料管被捣通时管内喷出白色泡沫状液体，飞出 3 米多高，溅到站在槽上的 3 人身上。由于 3 人均没戴防护面罩，当时 3 人眼前一片漆黑，眼睛疼痛难忍，经水清洗后被送往医院，检查为碱伤害（槽车盛装硫酸之前用于盛装液碱）。经半年

17

多的治疗，3 人视力均低于 4.3（0.2），且泪腺受损。

18. 如何对劳动防护用品进行管理？

（1）用人单位应当根据劳动防护用品配备标准制订采购计划，购买符合标准的合格产品，查验并保存劳动防护用品检验报告等质量证明文件的原件或复印件。

（2）用人单位应当确保已采购劳动防护用品的存储条件，并保证其在有效期内。

（3）用人单位应当按照本单位制定的配备标准发放劳动防护用品，并做好登记。

（4）劳动防护用品应当按照要求妥善保存，及时更换。公用的劳动防护用品应当由车间或班组统一保管，定期维护。

（5）劳动防护用品应由专人管理并负责维护保养，以保证劳动防护用品充分发挥其作用。

（6）用人单位应当对应急劳动防护用品进行经常性的维护、检修，定期检测应急劳动防护用品的性能和效果，保证其完好有效。

19. 特种劳动防护用品安全标志的含义是什么？

特种劳动防护用品安全标志是确认特种劳动防护用品安全防护性能符合国家标准、行业标准，准许用人单位配发和使用该劳动防护用品的凭证。特种劳动防护用品安全标志由特种劳动防护用品安全标志证书和特种劳动防护用品安全标志标识两部分组成。

特种劳动防护用品安全标志证书由特种劳动防护用品安全标志管理中心颁发。特种劳动防护用品安全标志标识由图形和特种劳动防护用品安全标志编号构成，如图 2-1 所示。取得特种劳动防护用品安全标志的产品应在产品的明显位置加施特种劳动防护用品安全标志标识，标识加施应牢固耐用。

图 2-1　特种劳动防护用品安全标志标识

20. 我国有关劳动防护用品配备的罚款规定有哪些?

《中华人民共和国职业病防治法》第七十二条规定，未提供职业病防护设施和个人使用的职业病防护用品，或者提供的职业病防护设施和个人使用的职业病防护用品不符合国家职业卫生标准和卫生要求的，以及对职业病防护设备、应急救援设施和个人使用的职业病防护用品未按照规定进行维护、检修、检测，或者不能保持正常运行、使用状态的，由卫生行政部门给予警告，责令限期改正，逾期不改正的，处 5 万元以上 20 万元以下的罚款。情节严重的，责令停止产生职业病危害的作业，或者提请有关人民政府按照国务院规定的权限责令关闭。

《中华人民共和国安全生产法》第九十九条规定，生产经营单位未为从业人员提供符合国家标准或者行业标准的劳动防护用品的，责令限期改正，处 5 万元以下的罚款；逾期未改正的，处 5 万元以上 20 万元以下的罚款，对其直接负责的主管人员和其他直接责任人员处 1 万元以上 2 万元以下的罚款；情节严重的，责令停产停业整顿；构成犯罪的，依照刑法有关规定追究刑事责任。

《使用有毒物品作业场所劳动保护条例》第五十九条规定，用人单位未向从事使用有毒物品作业的劳动者提供符合国家职业卫生标准的防护用品，或者未保证劳动者正确使用的，由卫生行政部门给予警告，责令限期改正，处 5 万元以上 20 万元以下的罚款；逾期不改正的，提请有关人民政府按照国务院规定的权限予以关闭；造成严重职业中毒危害或者导致职业中毒事故发生的，对负有责任的主管人员和其他直接责任人员依照刑法关于重大劳动安全事故罪或者其他罪的规定，依法追究刑事责任。

第三部分　头部防护用品的使用

一、头部防护用品的基本概念

21. 劳动过程中引起头部伤害的因素有哪些?

在劳动过程中，引起劳动者头部伤害的因素主要有物体打击、高处坠落、机械伤害、毛发污染等。

（1）物体打击。物体从高处坠落可引起物体打击，如工具、电缆、金属材料等坠落。侧旁溅落物的抛物势能或物体的离心运动也可引起物体打击，侧旁溅落物有滚石、金属材料、工具、废金属屑块等，某些运转的机器内部可能存在离心运动。

物体打击造成的伤害有击伤、砸伤等，是由远距离外力造成的，它不同于钩、挂、磨、刺等固定场所发生的机械伤害，其特点是具有较大的冲击力，尤其是由上而下的冲击力更大，而且发生的时间短暂、不固定，难以预料，不易躲闪。

对于物体打击，首当其冲的是头部。头在人体最上部，是神经中枢所在，头盖骨最薄处仅有 2 mm，头部一旦受外力冲击，可引起脑震荡、脑出血、脑膜挫伤、颅底骨折、机能障碍等，影响思维和活动功能，甚至立即死亡。眼睛部位容易被金属碎屑、碎块或石块击伤，轻者导致角膜异物伤和视物障碍，重者可致盲。

有物体打击的危险作业遍及矿山、冶金、石油、化工、电力、建筑以及森林采伐、交通运输等行业，有关的工种必须使用头部防护用品。

（2）高处坠落。这种伤害多发生在建筑、矿山、冶金、石油勘探、交通运输等行业的作业场所。高处作业人员因为高处坠落容易受到冲击伤害，导致头部受伤，而且往往造成重伤事故。所以，高处作业必须加强头部的防护。

（3）机械伤害。在生产中，若作业人员不慎将毛发缠在旋转的机床、叶轮、带式输送机等设备上，则可造成严重的毛发和头皮撕脱伤害，甚至人被带入机器中，危及生命。

（4）毛发（头皮）污染。在生产劳动过程中，作业人员接触生产性毒物、腐蚀性物质、放射性物质、生物有害因素等均可污染毛发（头皮），对人体造成伤害。

22. 头部防护用品的分类有哪些？

头部防护用品是为了防御头部不受外来物体打击和其他因素危害而配备的劳动防护用品。根据防护作用，可将头部防护用品分为3类：安全帽、防护头罩及工作帽。

（1）安全帽。安全帽又称安全头盔，是指对使用者头部受坠落物或小型飞溅物体等其他特定因素引起的伤害起防护作用的帽子。

（2）防护头罩。防护头罩是使头部免受火焰、腐蚀性烟雾、粉尘以及恶劣气候条件伤害的劳动防护用品。

（3）工作帽。工作帽是能防头部脏污和擦伤、长发被绞入机器等伤害的普通帽子。

23. 安全帽的结构是什么？

安全帽一般由帽壳、帽衬及配件等组成，其主要组成部分为帽壳和帽衬。安全帽结构如图3-1所示。良好的帽壳和帽衬材料、适宜的帽型与合理的帽衬结构相配合能起到阻挡外来冲击物和缓解、分散、吸收冲击力，保护使用者的作用。

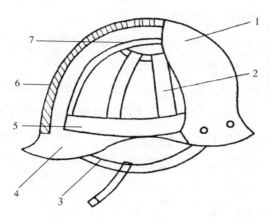

图 3-1　安全帽结构

1—帽壳　2—帽衬分散条　3—系带　4—帽檐
5—帽衬环形带　6—缓冲垫　7—帽衬顶带

（1）帽壳。帽壳是安全帽的外壳，一般由壳体、帽舌、帽檐、顶筋等部分组成。帽壳多采用椭圆或半圆拱形结构，表面连续光滑，可使物体坠落到帽壳上后迅速滑脱。帽壳顶部一般设有加强筋，以提高抗冲击强度。冲击过程中允许帽壳产生少量变形，但不能触及头顶。帽壳外形不宜采用平顶结构，平顶结构不易使坠落物滑脱，冲击过程中顶部变形大，易触及头顶。

（2）帽衬。帽衬是帽壳内部部件的总称，一般由帽箍、顶带、缓冲垫、吸汗带等组成。帽衬在冲击过程中起主要的缓冲作用。帽衬材料的好坏、结构的合理性与协调程度直接影响安全帽的冲击吸收性能。

24. 安全帽的分类有哪些?

安全帽可按照材料、外形、性能进行分类。

（1）按材料分类，安全帽可分为玻璃钢安全帽、塑料安全帽、橡胶料安全帽、纸胶料安全帽、植物料安全帽等。

（2）按外形分类，安全帽可分为无檐安全帽、小檐安全帽、卷边安全帽、中檐安全帽、大檐安全帽等。

（3）按性能分类，安全帽可分为普通型安全帽和特殊型安全帽。普通型安全帽是指用于一般作业场所，具备基本防护性能的安全帽；特殊型安全帽是指除具备基本防护性能外，还具备一项或多项特殊性能的安全帽，适用于与其性能相应的特殊作业场所，包括阻燃安全帽、电绝缘安全帽、防静电安全帽、防寒安全帽、耐极高温安全帽、耐熔融金属飞溅安全帽等。

25. 安全帽是如何进行分类标记的?

安全帽的分类标记由产品名称、性能标记组成。安全帽的分类标记见表3-1，按表中从上至下的顺序选择相应性能对安全帽进行标记。

表 3-1　　　　　　　　安全帽的分类标记

产品类型	符号	特殊性能分类	性能标记	备注
普通型	P	—	—	—
特殊型	T	阻燃	Z	—
		侧向刚性	LD	—

续表

产品类型	符号	特殊性能分类	性能标记		备注
特殊型	T	耐低温	−30 ℃		—
		耐极高温	+150 ℃		—
		电绝缘	J	G	测试电压 2 200 V
				E	测试电压 20 000 V
		防静电	A		—
		耐熔融金属飞溅	MM		—

例如，普通型安全帽标记为安全帽（P）；具备侧向刚性、耐极高温、电绝缘性能，测试电压为 20 000 V 的安全帽标记为安全帽（T LD +150 ℃ JE）。

26. 常见的安全帽有哪些？它们的适用范围是什么？

（1）玻璃钢安全帽。这种安全帽以前以玻璃丝和不饱和聚酯树脂为原料，用手工糊制成安全帽坯再加温固化成型，由于其中含玻璃纤维而得名玻璃钢安全帽。但是由于玻璃纤维对皮肤具有刺激性，手工糊制工效低，现在用维尼纶纤维代替玻璃纤维，采用模压成型工艺代替手工糊制，但仍叫作"玻璃钢安全帽"。玻璃钢安全帽的特点是材料密度低，其密度仅为钢材的 1/6~1/4，而机械强度与钢材接近，具有良好的耐高温、耐低温、电绝缘、耐腐蚀和耐燃烧等性能。玻璃钢安全帽主要应用于冶金高温作业场所、油田钻井、森林采伐、供电线路施工、高层建筑施工以及寒冷地区施工。

（2）塑料安全帽。这种安全帽的材质有聚碳酸酯、ABS（学名丙烯腈–丁二烯–苯乙烯共聚物）、超高分子聚乙烯、改性聚丙烯等。这些材料均属热塑性工程塑料，具有良好的抗冲击、耐高温、电绝缘等性能。与玻璃钢安全帽相比，塑料安全帽成本较低，因此广泛应用于各种行业。

聚碳酸酯塑料安全帽适用于油田钻井、森林采伐、供电线路施工、建筑施工等作业。ABS 塑料安全帽主要适用于采矿、机械工业等冲击强度较高的室内常温作业，不能接触明火，不适宜长期在低温露天作业中使用。超高分子聚乙烯塑料安全帽适用范围较广，冶金、石油、化工、矿山、建筑、机械、电力、交通运输、地质、林业等冲击强度较低的室内外作业均可应用。改性聚丙烯塑料安全帽主要用于建筑、冶金、森林采伐、电力、矿山、井上、交通运输等作业。

（3）胶布矿工帽。胶布矿工帽用胶布糊胎，模压硫化成型，多为黑色椭圆形小檐加强筋式，也有外加白色涂料的。其最大的特点就是抗静电性能好、耐用，主要用于煤矿、井下、涵洞、隧道作业等。

（4）防寒安全帽。防寒安全帽是在寒冷季节对头部起保暖作用和防御物体打击伤害的安全帽。它由帽面、帽里、衬壳及其他防寒构件（帽耳扇、帽小耳等）组成。帽面采用皮革、人造革或其他织物制成，帽里充填腈纶棉等防寒材料，衬壳是用工程塑料或其他材料制成的半球形硬壳，防寒构件则由长毛绒或羊剪绒制成。防寒安全帽适用于寒冷地区冬季野外和露天作业，如矿山开采、地质钻探、森林采伐、建筑施工和港口装卸搬运等作业。

（5）纸胶安全帽。帽壳采用造纸木浆，加添强力助剂模压加工而成。其防辐射性能好，耐高温、耐低温、抗老化性强，适用于建筑、矿山、石油、化工、交通运输等行业。用于户外作业时，纸胶安全帽还可防太阳辐射，防风沙和雨淋。

（6）植物条编织的安全帽。植物条编织的安全帽在帽壳顶部加有钢板纸、塑料板或涂有一层玻璃钢，以增加其强度。这类产品透气性好、重量轻，但质量较差，基本不能当作安全帽使用。此类安全帽刚性低于标准水平，易变形，不耐燃烧，适合在南方炎热地区无明火作业的场所使用。

27. 安全帽的防护作用是什么？

当作业人员头部受到坠落物的冲击时，安全帽帽壳、帽衬会在瞬间先将冲击力分解到整个头盖骨上，然后安全帽各个部位（帽壳、帽衬）的结构和缓冲结构（插口、拴绳、缝线、缓冲垫等）发生弹性变形、塑性变形及允许的结构破坏将大部分冲击力吸收，使最后作用到作业人员头部的冲击力降低到 4 900 N 以下，从而起到保护作业人员头部不受伤害或降低伤害的作用。

◎事故案例

在某工程中，作业人员在井内作业，同时有建筑施工单位交叉作业。塔吊在运送方砖时，从吊篮中掉出一块方砖，方砖掉入井内并击中井内作业人员的后脑部，其他作业人员在后来检查施工作业情况时才发现有人受伤。

事故发生的原因如下：交叉作业，安全管理不到位；井口未设专人监护，出事后也未能及时发现；作业人员安全意识淡薄，由于在夏季施工，天气炎热，作业人员未佩戴安全帽，未能有效防止或减轻伤害。

二、安全帽的使用与维护

28. 安全帽的选用原则有哪些？

安全帽的选用原则可参照《头部防护　安全帽选用规范》（GB/T

30041—2013）。选用的安全帽应在产品规定的年限内，各部件应完好，无异常。安全帽应按照功能、样式、颜色、材质的顺序进行选择。

（1）功能的选择。应根据作业场所劳动防护的要求，选择合适功能的安全帽。在可能存在物体坠落、碎屑飞溅、磕碰、撞击、挤压、摔倒及跌落等伤害头部的场所，应佩戴至少具有基本技术性能的安全帽。当作业中可能会短暂接触火焰、短时局部接触高温物体或暴露于高温场所时，应选用具有阻燃性能的安全帽。当作业环境对静电高度敏感、可能发生爆燃或需要本质安全时，应选用防静电性能的安全帽。当作业环境中需要保温且在环境温度不低于-20 ℃的低温作业场所时，应选用具有防寒功能或与佩戴的其他防寒装备不发生冲突的安全帽。

（2）样式的选择。当作业中可能发生淋水、飞溅渣屑以及阳光、强光直射眼部等情况时，应选用大檐、大舌安全帽。当作业环境为狭窄场地时，应选用小檐安全帽。当作业场所还需对眼面部进行防护时，作业人员所选用的安全帽应与所佩戴的个人用眼护具适配无冲突。当佩戴其他头部防护装备时，所选用的安全帽应与其适配无冲突。

（3）颜色的选择。安全帽的颜色应符合相关行业的管理要求，如管理人员使用白色安全帽，技术人员使用蓝色安全帽。选择安全帽的颜色应从安全心理学的角度来考虑。国际上的惯例：黄色加黑条纹表示注意警戒，红色表示限制、禁止，蓝色起显示作用等。一般情况下，普通工种使用的安全帽宜选用白色、淡黄色、淡绿色等；煤矿矿工安全帽宜选用明亮的颜色，甚至考虑在安全帽上加贴荧光色条或反光带，以便于在照明条件较差的作业场所易于被发现并引起警觉；在森林采伐场地，红色、橘红色的安全帽醒目，易于相互发现；在易燃易爆作业场所，宜选用红色安全帽。有些企业采用不同颜色的安全帽，用于区分职别和工种，利于生产管理。

（4）材质的选择。材质的选择主要考虑安全帽承受的机械强度和作业环境。例如，估计坠落物件质量较大时，应选用较高强度材料制成的安全帽。在冶炼作业场所，宜选用耐高温的玻璃钢安全帽。在炎热地区进行建筑施工作业，应选用通风散热较好的竹编安全帽。在严寒地区进行户外作业，宜选用防寒安全帽等。

29. 如何正确佩戴安全帽？

（1）首先检查安全帽的帽壳是否破损（如有破损，其分解和削弱外来冲击力的性能就已减弱或丧失，不可再用），有无合格帽衬（帽衬的作用是吸收和缓解冲击力，若无帽衬，则丧失了保护头部的功能），帽带是否完好。

（2）调整好帽衬顶端与帽壳内顶的间距（4～5 cm），调整好帽箍。

（3）安全帽必须戴正。如果戴歪了，一旦受到打击，将起不到减轻对头部冲击的作用。

（4）必须系紧下颏带，戴好安全帽。如果不系紧下颏带，一旦发生物体坠落打击事故，安全帽就容易掉下来，导致严重后果。

现场作业中，切记不得将安全帽脱下搁置一旁或当坐垫使用。

◎事故案例

（1）正确佩戴安全帽防止受伤的案例

正确佩戴安全帽可以减少70%的头部外伤发生。在一次施工作业中，一个金属卡子从高高的电线杆上滑落，砸向地面的一个电工。

只听见"咣"一声，卡子砸到电工头顶的安全帽上，弹了一下砸到地上。这时，电工摘下安全帽，看看地上被砸出的痕迹，又摸摸自己的脑袋，自语道："要是没这顶安全帽，也许今天要向阎王爷报到了。"

（2）未正确佩戴安全帽导致受伤的案例

某日早晨，某装修公司项目部施工队队长罗某安排作业人员焦某、陈某、李某3人站在高处作业吊篮内进行外墙大理石干挂作业。8时20分左右，吊篮一侧的提升钢丝绳突然从固定的钢卡内"抽签"（与绳卡夹脱扣），造成吊篮倾斜坠地（坠落高度约7m），吊篮内的3名作业人员坠地受伤。吊篮坠地的同时，在楼内进行室内装修作业的内装公司瓦工娄某从楼内出来，途经吊篮下方，不慎被吊篮砸伤头部（没有戴好安全帽），随后4人立即被送到医院抢救。娄某经抢救无效死亡，焦某、陈某轻伤留院治疗，李某经简单处置后回到单位。

事故发生的直接原因是现场所使用的吊篮存在缺陷，提升钢丝绳固定不牢。间接原因是内装公司瓦工娄某安全意识不强，在从楼内出来时，没有观察门外上方是否有人作业，贸然从有人在外墙上方进行大理石干挂作业的大门出去，而且没有戴好安全帽，不慎被下坠的吊篮砸到头部受伤致死。

30. 如何对安全帽进行维护？

（1）不得私自在安全帽上打孔，不得用刀具等锋利、尖锐物体刻划、钻钉。

（2）不应擅自在帽壳上涂敷油漆、涂料、汽油、溶剂等。

（3）不要随意碰撞、挤压安全帽，不要将安全帽当作板凳或用于砸坚硬物体，以免影响其强度。

（4）安全帽的存放应远离酸、碱、有机溶剂、高温、低温、日晒、潮湿或其他腐蚀环境，以免其老化或变质。

（5）对热塑材料制成的安全帽，可用清水冲洗，但不得用热水浸泡，更不得放入浴池内洗涤。不得在暖气片、火炉上烘烤安全帽，以防止帽体变形。

（6）安全帽应保持清洁，并按照产品说明定期进行清洗。

（7）应确保安全帽内的永久标识齐全、清晰。

◎相关知识

为降低劳动防护用品成本而更换帽衬，以延长安全帽使用时间的做法是不允许的。安全帽更换帽衬后，不能保障安全。

此外，安全帽只要受过一次强力的撞击，就无法再次有效吸收外力，有时尽管外表上看不到任何损伤，但是内部已经遭到破坏，不能继续使用。

31. 安全帽的使用注意事项有哪些?

（1）在使用之前一定要检查安全帽是否有裂纹、碰伤痕迹、凹凸不平、磨损（包括对帽衬的检查），如存在影响性能的明显缺陷，应及时报废，以免影响防护作用。

（2）不能随意在安全帽上拆卸或添加附件，以免影响其原有的性能。

（3）不能随意调节帽衬的尺寸。安全帽的内部尺寸如垂直间距、佩戴高度、水平间距，在相关标准中是有严格规定的，这些尺寸直接影响安全帽的性能，使用者不可随意调节。否则，落物冲击一旦发生，安全帽会因佩戴不牢脱落或因冲击触顶而起不到防护作用，直接伤害使用者。

（4）使用时一定要将安全帽戴正、戴牢，不能晃动，要系紧下颌带，锁紧帽箍，以防安全帽脱落。

（5）受过一次强冲击或做过试验的安全帽不能继续使用，应予以报废。

（6）应注意使用在有效期内的安全帽，植物条编织的安全帽有效期为两年，塑料安全帽和纸胶安全帽的有效期为两年半，玻璃钢安全帽的有效期为三年半。超过有效期的安全帽应报废。

◎事故案例

某日下午，一名头部受重伤的建筑工人被紧急送到了医院急诊室。这名工人的头颅里插进了一根钢筋，深度达到25~30 cm，被送到医院时呼吸已经开始出现衰竭，最后不治身亡。受伤工人是被从楼顶掉落的钢筋砸中头部的，但他当时按规定佩戴了安全帽，本不应该造成这样严重的伤害。事后发现，这顶被完全穿透的安全帽轻轻一砸就破裂，用手一拉就能撕开一道口子。经调查，这顶劣质安全帽是用垃圾废料制造出来的。

这起事故虽然只是意外，但假如该工人佩戴了符合相关标准的安全帽，也许能避免死亡事故的发生。

三、其他头部防护用品的使用

32. 防护头罩的防护作用是什么？

防护头罩通常由头罩、面罩和披肩组成。为防御物体打击，防护头罩常与安全帽配合使用。防护头罩常用于水泥喷浆、油漆喷涂、清砂、清灰、水泥灌装、高温热辐射、养蜂等作业场所。

33. 工作帽的防护作用有哪些?

工作帽是用于防止头部脏污、擦伤以及发辫受运转机器绞碾的软质帽。工作帽主要是对头部进行保护，防止一般性物理因素伤害或其他伤害，起一定程度的安全防护作用。工作帽能对头发起到保护作用，故也称为护发帽。

工作帽对头发主要起两种保护作用，一是可以保护头发不受灰尘、油烟和其他环境因素的污染，二是可以避免头发被卷入传动带或滚轴等部件。在有传动链、传动带或滚轴等的机器旁工作时，头发长的女工尤其要注意佩戴工作帽，因为没有佩戴工作帽导致头发被卷入机器而丧命的事故屡见不鲜。另外，工作帽还可以起到防止异物进入颈部的作用。例如，炼钢和铸造作业人员佩戴的工作帽，帽体上有一个长的披肩，不但能够对头发起到保护作用，而且可以防止钢花飞溅时落入颈部，使作业人员免遭烫伤。

工作帽一般要求帽体美观大方，佩戴舒适，凉爽轻巧。在不需要防尘的情况下，也可以用带孔的编织品制作，通风效果更好。长舌工作帽可以遮光，也可以起安全示警作用。在帽体上设一个较长的帽舌，可以阻挡阳光对眼睛的直射。此外，在作业人员精力不集中、头部有与机器等相碰的危险时，帽舌可先于人的头部碰到运动中的物体，使人警觉起来。

34. 如何正确选用和佩戴工作帽?

工作帽一般用经久耐用的纤维织物制作，样式不宜过于复杂，要容易洗涤熨烫。工作帽的大小最好可以随意调节，以适合各种头型的人戴用。要根据自己的工作性质和实际需要选择工作帽。工作时一定要坚持佩戴工作帽，帽体一定要戴正，要把头发全部罩在帽中，以免头发露在外面而降低防护作用。

◎**事故案例**

某日凌晨，某印刷厂内，一长发女工在工作时头发不慎被机器的轮轴绞住，头部顺势被卷入机器内卡住，鲜血直流，生命垂危。消防员动用各种先进器材，花了两个多小时才救出了女工。

据现场的相关人员介绍，该女工因没戴工作帽违规操作才导致了事故。

35. 防静电工作帽有哪些性能要求？

防静电工作帽是以防静电织物为主要原料，为防止帽体上的静电荷积聚而制成的工作帽，其主要性能要求如下。

（1）外观应无破损或其他影响防静电性能的缺陷。

（2）各部位无明显油污、瑕疵等。

（3）如有透气孔，则透气孔应为线锁孔。

（4）不应带有金属附件，如必须使用，则金属附件不应外露。

（5）松紧带松紧适度，包带严紧。永久标识应与产品本身缝制牢固。

（6）理化性能、面料的耐磨性及撕破强力应符合要求。

（7）所用材料（外层织物）的表面电阻率（ρ）应满足 $10^5\ \Omega \leqslant \rho \leqslant 10^{11}\ \Omega$，静电压半衰期应不大于 15 s。

36. 滤尘送风式防尘安全帽的质量技术要求有哪些？

《滤尘送风式防尘安全帽　通用技术条件》（MT 160—1987）对

该类安全帽的质量技术要求如下。

（1）在温度为 0~40 ℃、相对湿度不大于 95% 的条件下能正常工作。

（2）表面光滑，无飞边，无明显的划痕和凹陷，表面涂、镀层无剥离，零部件无松动。

（3）阻尘率应大于 99%。连续使用 6 h 后，净化送风量不得低于 120 L/min。

（4）帽箍必须在 510~640 mm 范围内调节，防尘帽加于头部的质量不得大于 1.2 kg，面罩透光率不得低于 85%。

（5）防尘帽的面罩应能通过面部防护性能试验不破碎。经冲击试验后，应能正常工作。

（6）总视野不得小于 75%，下方视野不得小于 40°，噪声不得大于 70 dB。

37. 什么是 X 射线防护头盔？

在工业 X 射线探伤工作过程中，劳动者可能受到 X 射线的照射伤害，因此采取个人防护是必要的。X 射线防护头盔就是保护劳动者头部和面部免受或减轻 X 射线伤害的用品，其帽壳用玻璃钢制成，面罩由有机铅玻璃制成。

呼吸器官防护用品的使用

一、呼吸器官防护用品的基础知识

38. 为什么要使用呼吸器官防护用品?

呼吸器官防护用品是指防御缺氧和空气中的污染物进入呼吸器官的防护用品。生产过程中，危害呼吸器官的因素主要有生产性粉尘和化学毒物两大类。一般来说，劳动者在进行固体物质的粉碎、研磨、筛分、拌和、包装、运输，以及矿山钻孔、爆破、筑路、凿岩等工作中，都会接触大量粉尘。长期悬浮在空气中的粉尘颗粒越细，越容易被人体吸入，特别是粒径小于 5 μm 的呼吸性粉尘，会直接进入肺泡并沉积，导致矽肺病或其他尘肺病，患者轻则丧失劳动能力，重则死亡，严重危害劳动者的身体健康。另外，接触化学毒物的行业和工种也很多，如化工、制药、油漆、冶金、印刷等行业会产生许多有毒物质，被吸入人体后可引起急性或慢性中毒，有的有毒物质甚至可以引起恶变，导致白血病、癌症等。据统计，约 95% 的职业中毒是吸入有毒物质所致。因此，预防尘肺、职业中毒、缺氧窒息，关键是进行呼吸器官的防护。

呼吸器官的防护是指劳动者佩戴有效、适宜的防护器具，直接防御有害气体、蒸气、尘、烟、雾经呼吸道进入体内，或者供给清洁空气，从而保障劳动者在尘毒污染或缺氧环境中呼吸正常和安全健康。因生产工艺、操作条件或工程控制措施所限，作业场所的粉尘浓度或有毒有害物质浓度超过国家职业卫生标准，或者进行检修、抢救等高毒作业以及在密闭空间内作业，都必须重视呼吸器官的防护，选用合适的呼吸器官防护用品。

◎ **事故案例**

某日，某公司作业人员宁某因皮肤瘙痒到医院诊治，诊治过程中医院查出宁某患有中毒性肝炎和病毒性肝炎，宁某于是留院治疗。第二天晚上，宁某病情突然恶化，经抢救无效死亡。宁某所在公司是一家合作经营企业，生产计算机主机板，有装配作业人员 70 名。车间南端设有超声波三氯乙烯清洗机 2 台，无局部机械通风设施，并且作业人员在上岗时均未佩戴防毒口罩、防护眼镜等劳动防护用品，三氯乙烯清洗作业也未形成独立的清洗场所，无隔墙，与其他工种混在一起。而宁某所在岗位距离三氯乙烯清洗机 15 m 左右。

宁某的死亡，与生前工作中大量接触三氯乙烯有关，属于职业伤害。这起事故的原因之一就是作业人员在上岗时未使用合适的劳动防护用品。

◎ **相关知识**

尘肺病是劳动者在职业活动中长期吸入生产性粉尘，并在肺内滞留而引起的以肺组织弥漫性纤维化为主的疾病。《职业病分类和目录》中列出了我国法定的 13 种尘肺病：矽肺、煤工尘肺、石墨尘肺、碳黑尘肺、石棉肺、滑石尘肺、水泥尘肺、云母尘肺、陶工尘肺、铝尘肺、电焊工尘肺、铸工尘肺、其他尘肺。

劳动者在生产过程中过量接触生产性毒物引起的中毒，称为职业中毒。例如，劳动者在生产过程中遇到大量氯气泄漏，而又因种种原因未能采取有效的个人防护，吸入高浓度氯气，导致胸闷、憋气、剧烈的咳嗽和痰中带血，这就构成了氯气职业中毒。毒物可经呼吸道吸入，也可经皮肤吸收或食入。

39. 常见的呼吸器官防护用品都有哪些种类?

呼吸器官防护用品主要分过滤式和隔绝式两类，见表 4-1。

表 4-1 　　　　　　　　 **呼吸器官防护用品分类**

过滤式			隔绝式			
自吸过滤式		送风过滤式	供气式		携气式	
半面罩	全面罩		正压式	负压式	正压式	负压式

（1）过滤式呼吸器官防护用品。过滤式呼吸器官防护用品借助过滤材料，将空气中的有害物滤除后供呼吸使用，如防尘口罩、防毒口罩和过滤式防毒面具。其中靠劳动者吸气克服过滤阻力的称为自吸过滤式，如普通的防尘口罩、防毒口罩和过滤式防毒面具；靠动力（如电动风机）克服过滤阻力的为动力送风过滤式，如军用过滤送风面具、送风式长管过滤呼吸器等。

过滤式呼吸器官防护用品主要由过滤部件和面罩两部分组成，有些还在过滤部件与面罩之间连接呼吸管，而简易防尘口罩则用过滤材料构成面罩本体。从过滤材料特点分析，每类呼吸器官防护用品都有其适用的范围，通常有防尘、防毒以及尘毒组合防护 3 类。空气中的有害物有粉尘、烟、雾、气体和蒸气 5 种类型。防尘滤料只对粉尘、烟和雾 3 种颗粒物有效。防有害气体和蒸气的滤料是装填了活性炭的装置，较大容量的称为滤毒罐，较小容量的称为滤毒盒。尘毒组合防护的过滤部件由防尘、防毒滤料组合而成，组合方式有两种，一种是在防毒滤料入气一侧拼装可拆的防尘滤料，另一种是将彼此做成不可拆的一体。

过滤式呼吸器官防护用品不产生氧气，不适用于缺氧环境。该类产品不仅受适用性的限制，容量也有限，防毒滤料的防护时间会随有害物浓度升高而缩短，防尘滤料会因粉尘的累积而增加阻力，所以都需要更换。自吸过滤式靠使用者吸气过滤有害物，给呼吸增加了一定的负荷，使用者在高强度作业时会有呼吸困难的感觉。动力送风式借助动力克服阻力，可自动送风，使用时会感觉舒适。

从面罩部分分析，自吸过滤式又分半面罩和全面罩两种。半面罩可罩住口、鼻部分，有些也包括下巴；全面罩罩住整个面部区域，包括眼睛。半面罩和全面罩也称密合型面罩，依靠面罩和人脸呼吸区域的密合提供防护，让使用者只吸入经过过滤的洁净空气。由于人脸是曲面，尤其是口鼻区域的曲面变化最复杂，半面罩的密合会比较困难；全面罩的密合区在额头、脸颊和下巴，所以较易密合，从密封垫泄漏的可能性相对较小。半面罩重量较轻，戴起来轻便，但不能同时防护眼睛；全面罩既保护呼吸器官，又保护眼睛，但如果没有配眼镜架，本身需要戴眼镜的人就无法使用。

（2）隔绝式呼吸器官防护用品。隔绝式呼吸器官防护用品将使用者的呼吸器官与有害空气环境隔绝，靠本身携带的气源（携气式）或导气管（供气式）引入作业环境以外的洁净空气供呼吸，包括隔绝式防毒面具、生氧式防毒面具、长管呼吸器及潜水面具等。

隔绝式还分正压式和负压式两种。如果在任一呼吸循环过程中，面罩内压力始终大于环境气压，就是正压式，否则为负压式。由于气流运动只能从高压流向低压，所以有害物不可能进入正压式面罩，因而正压式的安全性较高。有两种方法可做到正压：一种方法是连续供气（对供气式而言），使供气量大于使用者的吸气量；另一种方法是使用压力需量阀（供气式和携气式都适用），吸气时需量阀打开，吸入空气，呼气时需量阀关闭，呼气阀打开，排出呼出气体，只要吸气时需量阀的启动压力大于环境压力就可保持正压。此概念也适用于过滤式，自吸过滤式就是负压式，而动力送风式为连续送风，送风量往往比较大，一般为正压式。

正压式呼吸器官防护用品的送气导入装置既可以是密合型面罩，也可以是送气头罩或开放型面罩。送气头罩能罩住使用者的整个头部、颈部，也可罩住部分肩或与防护服连用，密合性好；开放型面罩只罩住头、眼、鼻，与脸形成部分密合。根据设计不同，送气头罩和开放型面罩往往还有其他防护功能，如防冲击、防头部撞击、防强光（焊接护目镜功能）或防喷溅（化学防护服功能）等，它们只能用于动力送风过滤式和连续供气式，靠大风量维持正压。

由于不靠过滤材料过滤有害物，隔绝式适用于各类有害物存在的情况。受携带气源（气瓶或生氧装置）容量的限制，携气式的使用时间只与气源容量和使用者呼吸量有关，与环境中有害物浓度无关，所以使用时间比较确定，使用者自己携带气源及全套设备，自主控制，活动性较强，但因设备较重，需要好的体力，进入狭小空间也会受到一定限制。供气式可将洁净空气源源不断地通过导气管供给使用者，在系统运行正常的情况下，使用时间不受限制，但导气管会限制使用者的活动范围，而且导气管可能因使用者自己无法控制的意外而断开，如因相对其他物体的移动或因其他人员的误操作导致断开等。

40. 自吸过滤式防颗粒物呼吸器如何分类？

自吸过滤式防颗粒物呼吸器的面罩按结构分为随弃式面罩、可更换式半面罩和全面罩3类。半面罩是能覆盖口和鼻，或覆盖口、鼻和下颏的密合型面罩。随弃式面罩是由滤料构成面罩主体的一种半面罩，可设呼吸气阀。可更换式半面罩是有单个或多个可更换过滤元件的密合型半面罩，可设呼吸气阀和呼吸导管。全面罩是能覆盖眼睛、口、鼻和下颏的密合型面罩。

自吸过滤式防颗粒物呼吸器的过滤元件按过滤性能分为 KN 和 KP 两类，KN 类只适用于过滤非油性颗粒物，KP 类适用于过滤油性和非油性颗粒物。根据过滤效率水平，过滤元件的级别按表 4-2 分级。

表 4-2　　　　　　　　　　　　过滤元件的级别

过滤元件类型	面罩类别		
	随弃式面罩	可更换式半面罩	全面罩
KN 类	KN90 KN95 KN100	KN90 KN95 KN100	KN95 KN100
KP 类	KP90 KP95 KP100	KP90 KP95 KP100	KP95 KP100

注：表中数字表示过滤效率。例如，KN95 表示对颗粒物的过滤效率≥95%。

41. 如何选择呼吸器官防护用品？

选择呼吸器官防护用品的原则，一般是根据作业场所的氧含量是否高于18%（体积分数）或有害物浓度的高低（体积分数>1%）来确定选用过滤式或隔绝式，根据作业场所有害物的性质和最高浓度确定选用全面罩或半面罩。

过滤式呼吸器官防护用品只能在作业环境不缺氧［环境空气中氧的含量不低于18%（体积分数）］、有害物浓度低，并且短时间内不会危害生命健康的作业条件下使用，一般不能用于罐、槽等密闭、狭小容器中作业人员的防护。其中，防尘口罩和防尘面罩不能用于存在有毒有害气体或蒸气的环境。

隔绝式呼吸器官防护用品主要用于缺氧、尘毒污染严重、污染情况不明或浓度未知的有生命危险的作业场所，一般不受环境条件限制。其中，供气式一般只适用于定岗作业和流动范围小的作业。

根据有害物浓度的不同可选择不同的呼吸器官防护用品。一般情况下，当环境中有毒有害气体或蒸气体积分数小于 0.1% 时，可选择全面罩或半面罩配滤毒盒；当体积分数大于或等于 0.1% 且小于 0.3% 时，可选择全面罩配小型滤毒罐；当体积分数大于或等于 0.3% 且小于 0.5% 时，可选择全面罩配中型滤毒罐。

作业状况也会影响呼吸器官防护用品的选择。若空气污染物同时刺激眼睛和皮肤，或可经皮肤吸收，或对皮肤有腐蚀性，应选择全面罩。若现场存在高温、低温或高湿，或存在有机溶剂及其他腐蚀性物质，应选择耐高温、耐低温或耐腐蚀的呼吸器官防护用品，或选择能调节温度、湿度的供气式呼吸器官防护用品。若作业强度较大或作业时间较长，应选择呼吸负荷较低的呼吸器官防护用品，如供气式或送风过滤式呼吸器官防护用品。

◎事故案例

某年 3 月 14 日，某建材有限公司发生一起因吸入铅烟尘引起慢性中毒的事故。3 月 7 日，该公司因热浸镀锌钢卷生产线铅槽有铅渗漏而进行检修，10 名作业工人分日、夜两班轮流对铅槽底渗出的铅用机械方法清理。作业过程中，为了加快清理进度，从 10 日开始，作业工人改变作业方法，改用氧气切割的方法清除铅块。4 天后，作业工人中有 4 人出现头晕乏力、全身不适、恶心呕吐等症状。现场调查发现，事故发生作业点的铅槽深约 4 m，宽约 0.8 m，过道狭窄。

本次中毒事故的发生系作业工人违反操作规程，擅自使用氧气风枪切割替代机械挖掘清除铅块，导致作业工人吸入铅烟尘，引起铅中毒。同时，作业工人的职业病防护意识淡漠，在狭小的铅槽过道内作业，未采取有效的通风排毒措施，未佩戴个人防护面具，也是发生中毒的原因之一。

42. 如何进行呼吸器官防护用品的检查与保养？

（1）应按照呼吸器官防护用品使用说明书中的有关内容和要求，定期检查和维护呼吸器官防护用品。由经过培训的人员实施检查和维护，对使用说明书未包括的内容，应及时向生产者或经销商询问。

（2）在每次使用前和佩戴后，应检查呼吸器官防护用品的部件是否齐全完好，是否有老化或损坏现象，及时更换失效部件。

（3）对携气式呼吸器官防护用品，使用后应立即更换用完的或部分用完的气瓶或气体发生器，并更换其他过滤部件。更换气瓶时不允许将空气瓶与氧气瓶互换。

（4）应按国家有关规定，在具有相应压力容器检测资格的机构定期检测空气瓶或氧气瓶。

（5）应使用专用润滑剂润滑高压空气或氧气设备。

（6）劳动者不应自行重新装填过滤式呼吸器官防护用品的滤毒罐或滤毒盒内的吸附过滤材料，也不得采取任何方法自行延长已经失效的过滤元件的使用寿命。

43. 如何进行呼吸器官防护用品的清洗、消毒和储存？

（1）呼吸器官防护用品的清洗和消毒要求如下。

1）个人专用的呼吸器官防护用品应定期清洗和消毒，非个人专用的呼吸器官防护用品应在每次使用后进行清洗和消毒。

2）从卫生角度和延长防护用品寿命角度出发，应经常清洗面罩。清洗时，应按照使用说明书要求拆卸有关部件，使用软毛刷在温水中清洗，或在温水中加入适量中性洗涤剂清洗。清洗干净后，应放在清洁场所阴凉处风干。

3）不可清洗过滤元件，对可更换过滤元件的呼吸器官防护用品，清洗前应将过滤元件取下。

4）使用消毒剂时，应注意消毒剂的使用说明，如稀释比例、温度和消毒时间等，严格按照消毒剂的最佳使用浓度进行配制。

（2）呼吸器官防护用品的储存要求如下：

1）呼吸器官防护用品应保存在清洁、干燥、无油污、无阳光直射、无腐蚀性气体的地方；

2）不常使用的呼吸器官防护用品应用密封袋储存，储存时避免面罩变形；

3）防毒过滤元件不应敞口储存；

4）所有紧急情况和救援使用的呼吸器官防护用品应保持待用状态，并置于适宜储存、便于管理、取用方便的地方，不得随意变更存放地点。

44. 呼吸器官防护用品的选择和使用应注意哪些问题？

（1）采购和使用防护口罩、面具、头罩前，应根据作业场所的有害尘、烟、气体浓度选用可靠合适的呼吸器官防护用品。

（2）应向所有使用者提供呼吸器官防护用品使用方法的培训。对于比较复杂的呼吸器官防护用品，如各类便携式呼吸器、供气式呼吸器，使用前必须进行专业培训。

（3）使用任何一种呼吸器官防护用品前，都应仔细阅读产品使用说明书，了解呼吸器官防护用品的适用性和防护功能，判断是否适合所遇到的有害物及其危害水平，并严格按要求使用。

（4）呼吸器官防护用品应适合使用者使用。使用者在使用前应检查呼吸器官防护用品的完整性、过滤元件的适用性、电池电量、气瓶储气量等，仔细检查口罩或面具四周是否吻合个人脸型，松紧头带弹性是否足够，在消除不符合有关规定的现象后才允许使用。

（5）呼吸器官防护用品使用寿命是有限的，且受自身容量、有害物种类和浓度、佩戴时间、使用现场温湿度及维护方法等影响，应适时更换。注意滤毒盒内活性炭、触媒等是否松动，是否过期失效。

（6）进入污染危害环境前，应正确佩戴好呼吸器官防护用品。进入污染危害环境后，应始终坚持佩戴。作业中存在可以预见的紧急危险时，须两人同时备有合适的护具和应急逃生自救器，才能进入危险区。

（7）有爆炸危险的作业不能使用氧气呼吸器。没有配备防尘过滤元件的防毒面具不能用于防尘。当颗粒物有挥发性时，如喷漆产生的漆雾，必须选用防尘防毒组合的防护用品。

（8）使用面具前应预先刮净胡须，不能将头发夹在面罩和面部皮肤之间，以防气体泄漏。

（9）患有心肺疾病者不宜选用呼吸阻力较大的呼吸器官防护用品，可用正压供气式呼吸器。

（10）在使用供气式防毒口罩、面具前，应检查各部件是否完好，有无破损生锈，是否漏气，压缩空气钢瓶不允许用于充氧气。

（11）按作业场所危害因素选用合适的呼吸器官防护用品。当有害物刺激眼睛和皮肤时，应选全面罩。当颗粒物具有放射性、致癌性等高毒性时，应选过滤效率等级最高的过滤材料。

（12）当没有适合的过滤元件时，应选择供气式呼吸器官防护用品。使用长管供气呼吸防护系统时，应确保气源安全稳定，导气管不能折叠或被压扁，保证气流通畅。

（13）当使用中感到异味、刺激，或出现咳嗽、恶心等不适症状时，应立即离开有害环境，并应检查呼吸器官防护用品，确定并排除故障后方可重新进入有害环境；若无故障存在，应更换有效的过滤元件。

（14）若呼吸器官防护用品同时使用数个过滤元件，如双过滤盒，应同时更换。若新过滤元件在某种场合迅速失效，应重新评价所选过滤元件的适用性。

二、常用呼吸器官防护用品的使用

45. 怎样选择合适的防尘口罩?

（1）口罩的阻尘效率要高。口罩阻尘效率的高低以其对微细粉尘，尤其对粒径小于 5 μm 的呼吸性粉尘的阻隔效率为判定标准。因为这些粒径的粉尘能直接进入肺泡，对人体健康造成的影响最大。一般的纱布口罩，其阻尘原理是机械式过滤，即当粉尘通过纱布时，经过一层层阻隔，一些大颗粒粉尘将被阻隔在纱布中。但是，一些微细粉尘，尤其是粒径小于 5 μm 的粉尘，会从纱布的网眼中穿过去，进入呼吸系统。现在市场上有一些防尘口罩，其滤料由带有永久静电的纤维组成，粒径小于 5 μm 的呼吸性粉尘在穿过此种滤料的过程中，被静电吸附在滤料上，起到真正的阻尘作用。

（2）口罩与人脸形状的密合程度要好。空气就像水流一样，哪里阻力小就先向哪里流动。当口罩与人脸不密合时，空气中的有害物会从不密合处泄漏进去，进而进入人的呼吸系统。那么，即便选用滤料再好的口罩也无法保障健康。《呼吸防护用品的选择、使用与维护》（GB/T 18664—2002）规定，在每次使用呼吸器官防护用品时，使用密合性面罩的劳动者应首先进行佩戴气密性检查，以确定劳动者面部与面罩之间有良好的密合性。若检查不合格，不允许进入有害环境。

（3）佩戴要舒适。防尘口罩的呼吸阻力要小，质量要轻，佩戴卫生，保养方便。这样，劳动者才会乐意在工作场所坚持佩戴并提高其工作效率。例如，拱形防尘口罩既能保证与人脸形状的密合，又能在口鼻处保留一定的空间，佩戴舒适。现在有些免保养型口罩，不必清洗或更换部件，当阻尘饱和或口罩破损后即丢弃，既保障了口罩的卫生，又免去了劳动者保养口罩的时间和精力。

◎**事故案例**

某年年初，某县 200 余人到某宝石工艺制品有限公司打工，主要从事石英破碎、筛分等工作，接触游离二氧化硅质量分数大于 90% 的石英粉尘。之后对其中 86 名返乡民工进行体检，共查出矽肺病患者 46 人，检出率为 53.5%，死亡 18 人。经调查发现，该公司严重违反职业卫生法律法规，既没有职业卫生防护设施，又未按规定为作业人员配备合适的呼吸器官防护用品，让作业人员在有毒有害环境岗位上作业。

46. 如何正确佩戴防尘口罩？

口罩必须大小适合，佩戴方式也必须正确，口罩的防护作用才会有效。

（1）在头带每隔 2~4 cm 处拉松。

（2）将口罩放置掌中，使鼻位金属条朝向指尖方向，让头带自然垂下。

（3）戴上口罩，鼻位金属条部分向上，紧贴面部。

（4）将口罩上端头带放于头后，然后将下端头带拉过头部，置于颈后，调校至舒适位置。

（5）将双手指尖沿着鼻位金属条，由中间至两边，慢慢向内按压，直至紧贴鼻梁。

（6）双手尽量遮盖口罩并进行正压及负压测试。

正压测试：双手遮着口罩，大力呼气，如果空气从口罩边缘溢出，即佩戴不当，须再次调校头带及鼻位金属条；负压测试：双手遮着口罩，大力吸气，口罩中央会陷下去，如果有空气从口罩边缘进入，即佩戴不当，须再次调校头带及鼻位金属条。

（7）在湿热、通风较差或劳动量较大的工作环境，使用具有呼吸阀的口罩可帮助人们在呼吸时更感舒适。呼吸阀的作用原理是呼气时靠排出气体的正压将阀片吹开，以迅速将废气排出，降低使用口罩时的闷热感，而吸气时的负压会自动将阀门关闭，以避免吸进外界环境的污染物。

47. 口罩的使用应注意哪些问题?

（1）定期更换口罩。出现以下情况时应及时更换口罩：

1）口罩受污染，如染有血渍或飞沫等异物；

2）口罩损毁；

3）在口罩与使用者面部密合良好的情况下，当使用者感到防尘滤料的呼吸阻力很大时，说明滤料上已附满了粉尘颗粒；

4）在口罩与使用者面部密合良好的情况下，当使用者闻到了有毒有害物质的气味时，应该及时更换新的过滤元件。

（2）保持口罩的清洁。

1）口罩的外层往往积聚着很多灰尘、细菌等污物，而里层阻挡着呼出的细菌、唾液，因此，两面不能交替使用，否则外层沾染的污物会在直接紧贴面部时被吸入人体，成为传染源。

2）不戴口罩时，应将口罩叠好放入清洁的口袋内，并将紧贴口鼻的一面向里折好，切忌随便塞进口袋里或悬挂在脖子上。

3）若口罩被呼出的热气或唾液弄湿，其阻隔污物的作用就会大大降低。所以，平时最好多备几只口罩，以便替换使用。口罩应每日换洗一次，洗涤时应先用开水烫 5 min，再用手轻轻搓洗，清水洗净后在清洁场所阴凉处风干。但是，有活性炭过滤的口罩和一次性口罩不必清洗。

（3）口罩不宜长期佩戴。从人的生理结构来看，由于人的鼻腔黏膜血液循环非常旺盛，鼻腔里的通道又很曲折，鼻毛构起一道过滤的"屏障"。当空气被吸入鼻孔时，气流在曲折的通道中形成一股旋涡，使吸入鼻腔的气流得到加温。如果长期戴口罩，会使鼻腔黏膜变得脆弱，失去了鼻腔原有的生理功能，故不能长期戴口罩。

48. 如何正确使用自吸过滤式防毒面具?

自吸过滤式防毒面具是指靠使用者呼吸克服部件阻力，防御有害气体或蒸气、颗粒物（如毒烟、毒雾）等危害其呼吸系统或眼面部的净气式防护用品，其使用要求如下。

（1）连接防毒面具。旋下罐（盒）盖，将滤毒罐接在面罩下面，取下滤毒罐底部进气孔的橡皮塞。

（2）使用前先检查全套面具的气密性。方法是将面罩和滤毒罐连接好，戴好防毒面具，用手或橡皮塞堵住滤毒罐进气孔，深呼吸，如没有空气进入，则此套面具气密性较好，可以使用，否则应修理或更换。

（3）佩戴时如闻到毒气的微弱气味，应立即离开有毒区域。

（4）当有毒区域中氧气体积分数小于18%、有毒气体体积分数大于2%时，各型号滤毒罐都不能起到防护作用。

（5）滤毒盒或滤毒罐的防护性能针对性较强，不能乱用或混用。根据《呼吸防护　自吸过滤式防毒面具》（GB 2890—2009），普通过滤件包括以下几类：

1）A型，标色为褐色，用于防护有机气体或蒸气，如苯、苯胺类、四氯化碳、硝基苯、氯化苦等；

2）B型，标色为灰色，用于防护无机气体或蒸气，如氯化氰、氢氰酸、氯气等；

3）E型，标色为黄色，用于防护二氧化硫和其他酸性气体或蒸气；

4）K型，标色为绿色，用于防护氨及氨的有机衍生物；

5）CO型，标色为白色，用于防护一氧化碳气体；

6）Hg型，标色为红色，用于防护汞蒸气；

7）H_2S型，标色为蓝色，用于防护硫化氢气体。

（6）每次使用后应将滤毒罐上部的螺帽盖拧上，并塞上橡皮塞，以免内部受潮。

（7）应储存于干燥、清洁、空气流通的库房环境，严防潮湿、过热。滤毒罐的有效期为5年，滤毒盒的有效期为3年。

◎ **事故案例**

（1）某厂加氢裂化车间硫化氢管道泄漏，一职工巡检时被熏倒。班长发现后，立即佩戴防毒面具去施救。在救人过程中，因所戴防毒面具不能防硫化氢，班长也被熏倒，最终造成两人死亡。这起事故是职工在巡检时没有采取必要的防范措施，班长在施救时戴错了防毒面具所致。

（2）某县建筑工程公司民工队一民工佩戴隔绝式防毒面具（软管式呼吸器）在加氢装置外东侧公路旁含硫污水井内掏泥，下井后第一桶还未掏满，他就站起来，随手摘掉防毒面具，随即被硫化氢熏倒。此时，在 50 米外干活的班长听到呼救声，立即赶到现场，戴上活性炭滤毒罐下井救人，也中毒倒下。后经奋力抢救，涉事民工终因中毒时间较长、中毒过重，经抢救无效死亡。这起事故是民工未能按规定坚持佩戴防毒面具，班长错误地使用了滤毒罐（属于过滤式防毒面具）造成的。

49. 如何正确使用动力送风过滤式呼吸器？

动力送风过滤式呼吸器（PAPR）是指靠电动风机提供气流克服部件阻力的过滤式呼吸器。PAPR 按照面罩类型可分为密合型面罩、开放型面罩与送气头罩 3 类。密合型面罩包括半面罩和全面罩，开放型面罩和送风头罩两类又可称为松配合型面罩。任何开放型面罩或送气头罩还可以含头盔，以保护头面部防机械冲击危害。

PAPR 产品一般由送风机、电池、充电器、连接导管、过滤元件、面罩、身体佩戴固定装置等组成。PAPR 应保证在不低于最低送风量条件下，持续运行 4 h 以上。在使用 PAPR 前，必须根据使用说明书检查和测试所有部件。在使用 PAPR 一定时间后，为了防止设备被污染，必须进行清洗维护：一是消毒；二是基本保养，如检测设备是否老化，是否漏气等。PAPR 在重新使用或储存之前，应确保所有部件干燥。

50. 正压式空气呼吸器的构造及其注意事项是什么？

正压式空气呼吸器主要适用于消防、化工、船舶、仓库、自来水厂、油气田等作业环境。在火灾、存在有毒有害气体及可能导致窒息等的恶劣环境中，人员佩戴该呼吸器可以自救逃生，进行事故处理及工业性作业等工作。其构造主要有气瓶和瓶阀组、减压器组件、报警哨、供气阀、面罩和压力表。

（1）气瓶和瓶阀组。气瓶阀上装有过压保护膜片，当瓶内压力超过额定压力的 1.5 倍时，保护膜片将自动卸压；气瓶阀上还设有开启后的止退装置，使气瓶阀在开启后不会被无意地关闭。

注意事项如下：

1）不准在有标记的高压空气瓶内充装任何其他种类的气体，否则可能发生爆炸；

2）高压空气瓶应避免碰撞、高温和太阳直射，避免沾染油脂；

3）每个高压空气瓶附有高压空气瓶合格证，必须妥善保管，不得丢失；

4）不得改变气瓶表面颜色；

5）严禁混装、超装压缩空气。

（2）减压器组件。减压器组件安装于背板上，通过一根高压管与气阀相连接。减压器的主要作用是将空气瓶内的高压空气降压为低而稳定的中压空气，供给供气阀使用。

注意：出厂时减压器已经调试好，没有经过培训的人员不能擅自拆卸。

（3）报警哨。报警哨的作用是防止使用者忘记观察压力表指示压力，而出现气瓶压力过低，不能保障安全撤离危险区域的情况。由于使用者呼吸量不同，做功量不同，撤离危险区域的距离不同，使用者应根据不同的情况确定撤离危险区域所必要的气瓶压力，绝不能机械地理解为报警后才开始撤离。使用者在佩戴过程中必须经常观察压力表，防止因报警哨失灵而出现压力过低的情况。

注意：报警哨出厂时已经调整好并固定，没有检测设备不能擅自调整。

（4）供气阀。供气阀的主要作用是将中压空气减压为一定流量的低压空气，为使用者提供呼吸所需的空气。供气阀设有节省气源的装置，可防止在系统接通之后、戴上面罩之前气源的过量损失。

（5）面罩。面罩为全面罩结构，面罩中的内罩能防止镜片出现冷凝气，保证视野清晰。面罩上安装有传声器及呼吸阀，通过快速接头与供气阀相连接。

（6）压力表。压力表用来显示瓶内的压力。

51. 如何佩戴和使用正压式空气呼吸器？

（1）背戴气瓶。将气瓶阀向下背上气瓶，通过调整肩带上的自由端，调节气瓶的上下位置和松紧度，直到感觉舒适为止。

（2）扣紧腰带。将腰带公扣插入母扣内，然后将左右两侧的伸缩带向后拉紧，确保扣牢。

（3）佩戴面罩。将面罩上的 5 根带子放到最松，把面罩置于使用者脸上，然后将头带从头部的上前方向后下方拉下，由上向下将面罩戴在头上。调整面罩位置，使下巴进入面罩下面凹形内，先收紧下端的两根颈带，然后收紧上端的两根头带及顶带，如果感觉不适，可调节头带松紧。

（4）确保面罩密封良好。用手按住面罩接口处，通过吸气检查面罩密封是否良好。深吸一口气，此时，面罩两侧应向人体面部移动，人体感觉呼吸困难，说明面罩密封良好，否则再收紧头带或重新佩戴面罩。

（5）装供气阀。将供气阀上的接口对准面罩插口，用力往上推，当听到"咔嚓"声时，安装完毕。

（6）检查仪器性能。完全打开气瓶阀，此时，应能听到报警哨短促的报警声，否则，说明报警哨失灵或者气瓶内无气。同时观察压力表读数。通过几次深呼吸检查供气阀性能，呼气和吸气都应舒畅，无不适感觉。

（7）使用。正确佩戴且经认真检查后即可投入使用。

使用过程中要注意随时观察压力表，关注报警器发出的报警信号。使用结束后，首先用手捏住下面左右两侧的颈带扣环向前推，松开颈带，再松开头带，将面罩从脸部由下向上脱下。其次，转动供气阀上旋钮，关闭供气阀，并捏住公扣榫头，退出母扣。最后，放松肩带，将仪器从背上卸下，关闭气瓶阀。

52. 井下常用的自救器有哪些种类？各自的适用范围是什么？

自救器是一种轻便、体积小、便于携带、戴用迅速、作用时间短的个人呼吸器官防护用品。当井下发生火灾、爆炸、煤和瓦斯突出等事故时，供人员佩戴，可有效防止中毒或窒息。自救器按其作用原理可分为过滤式和隔绝式两种。隔绝式自救器又分为化学氧自救器和压缩氧自救器两种。我国生产有 KZL 40 型过滤式自救器、ZL 60 型过滤式自救器、ZH 30 型和 ZH 40 型化学氧自救器、ZYX 45 型和 ZYX 60 型压缩氧自救器等。

过滤式自救器是一种专门过滤一氧化碳，使之转化为无毒的二氧化碳的自救装置。过滤式自救器主要用于火灾或瓦斯、煤尘爆炸时防止一氧化碳中毒，适用条件受空气中含氧量及有毒气体种类的限制，只能用于氧气体积分数不低于 18%、一氧化碳体积分数不高于 1.5% 且不含其他有害气体的空气条件。

化学氧自救器是利用生氧剂生氧供人呼吸，使用者的呼吸气路与外界空气完全隔绝，不受外界条件的限制，适用于井下发生火灾和瓦斯、煤尘爆炸及煤（岩）与瓦斯突出事故的情况。只要现场人员身体未受到直接伤害，都可以佩戴化学氧自救器，以免发生中毒或窒息。在冒顶堵人事故中，只要人没有被埋住，都可以佩戴化学氧自救器静坐待救，以防止瓦斯渗入、氧含量降低而造成窒息死亡。

压缩氧自救器是利用压缩氧气供氧的隔绝式呼吸器官防护用品，可反复多次使用，每次使用后只需要更换新的吸收二氧化碳的氢氧化钙吸收剂并重新充装氧气即可。该类自救器适用于存在有毒气体或缺氧的环境条件。

53. 如何正确佩戴化学氧自救器?

ZH 40 型化学氧自救器的结构如图 4-1 所示。

（1）佩戴时，将腰带穿入自救器腰带环内，并固定在背部后侧腰间。

（2）使用时，先将自救器沿腰带转到右侧腹前，左手托底，右手下拉护罩胶片，使护罩挂钩脱离壳体，再用右手掰锁口带扳手至封条断开后，丢开锁口带。

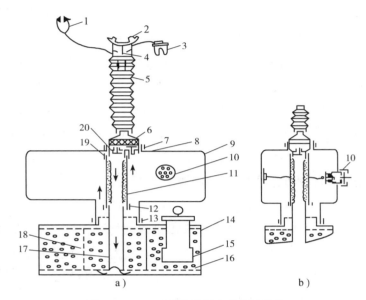

图 4-1　ZH 40 型化学氧自救器的结构

1—鼻夹　2—口具　3—口具塞　4—口具衬管　5—呼吸软管　6—带降温器的阀盒

7—上箍圈　8—吸气阀　9—气囊　10—排气阀　11—呼气管　12—下小箍圈

13—下大箍圈　14—生氧药罐　15—启动装置　16—生氧剂

17—药罐中心管　18—散热片　19—中箍圈　20—呼气阀

（3）左手抓住壳体下部，右手将壳体上部用力拔下丢掉。

（4）将挎带套在脖子上。

（5）用力提起口具，立即拔掉口具塞并同时将口具放入口中，口具片置于唇齿之间，牙齿紧紧咬住牙垫，紧闭嘴唇。

（6）两手同时抓住两个鼻夹垫的圆柱形把柄，将弹簧拉开，憋住一口气，使鼻夹垫准确地夹住鼻子。

（7）戴好头带。将头带分开，一根戴在头顶，另一根戴在后脑勺上。

（8）戴好安全帽，迅速撤离危险区域。

（9）撤离危险区域时若感到吸气不足时，应放慢脚步，做深呼吸，待气量充足时再快步行走。

54. 如何正确佩戴压缩氧自救器？

ZYX 45 型压缩氧自救器的结构如图 4-2 所示。

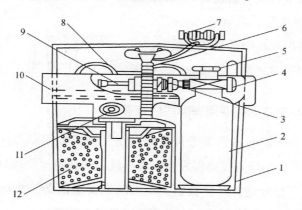

图 4-2　ZYX 45 型压缩氧自救器的结构

1—外壳　2—氧气瓶　3—减压器　4—压力计　5—氧气瓶开关　6—口具及呼吸软管

7—鼻夹　8—眼镜　9—自动补给端杆　10—氧气袋

11—排气阀　12—二氧化碳吸收剂

（1）佩戴方法如下：

1）携带时将其挎在肩膀上；

2）使用时，先打开外壳封口带扳把；

3）打开上盖，然后左手抓住氧气瓶，右手用力向上提上盖，此时，氧气瓶开关即自动打开，随后将主机从下壳中拖出；

4）摘下帽子，挎上挎带；

5）拔开口具塞，将口具放入嘴内，牙齿咬住牙垫；

6）将鼻夹夹在鼻子上，开始呼吸；

7）在呼吸的同时，按动补给按钮 1~2 s，气囊充满后立即停止（使用过程中发现气囊已空，供气不足时，按上述方法操作）；

8）挂上腰钩。

（2）注意事项如下：

1）高压氧气瓶储装有 20 MPa 的氧气，携带过程中要防止撞击和磕碰，避免将其当坐垫使用；

2）携带过程中严禁开启扳把；

3）撤离时，严禁摘掉口具、鼻夹，或通过口具讲话。

55. 自救器的使用有哪些注意事项？

（1）工作前要用腰带把自救器系在左侧或右侧腰部，或挂在离本人岗位不远的地方，确保发生灾害事故时能快速地佩戴好自救器。

（2）严禁随意拆开自救器。不得随意拆动内部生氧药罐的任何部件。外壳意外开启时，应立即停止携带此自救器，并予以报废。

（3）在井下或地面应避免碰撞、跌落自救器。不准将其当坐垫用，也不准用尖锐器具砸自救器外壳，不能接触带电体或将其浸泡在水中。

（4）每班携带时，要检查自救器外部有无损伤、松动，如发现不正常现象，应及时更换完好的自救器，再把有问题的自救器送到发放室检查校验，不可携带带有毛病的自救器入井。

（5）发生瓦斯、煤尘爆炸事故时，要立即戴上自救器，做到沉着、冷静，全部佩戴完毕，迅速撤离危险区域。在到达安全地点以前，切不可摘掉口具和鼻夹。

（6）撤离危险区域时，要匀速快步行走，呼吸要均匀，禁止狂奔乱跑，以防止发生意外伤害。

（7）严禁佩戴过滤式自救器进入缺氧盲巷（氧体积分数小于18%）和含其他有害气体（一氧化碳除外）的场所。

（8）自救器的有效使用时间约为 40 min，佩戴自救器后不可在危险区域久停，也不可顺烟雾风流一直走向回风井，应按避灾路线行进，从最近巷道尽快走出烟雾地点，进入安全、新鲜风流区域。

（9）过滤式自救器只能供本人从危险区域撤离时使用。在非特殊情况下，严禁佩戴自救器救人和从事危险区域的其他工作，防止事故扩大。

（10）戴上隔绝式自救器行走过程中，自救器在生氧药品作用下，壳体会逐渐变热并使吸气温度逐渐升高，这表明自救器正常工作，千万不要惊慌或因吸气干热而取下口具、鼻夹。在行进中严禁通过口具讲话或摘掉口具讲话，以防止吸入有毒有害气体而中毒。如遇到冒落危险区域，可快步行走，当快步行走一段距离后感到呼吸阻力大、气不够用时，可放慢脚步缓解一下，即能正常呼吸。

（11）佩戴过程中口腔产生的唾液，可以咽下，也可任其自然流入口水盒降温器，严禁拿下口具往外吐。

（12）使用压缩氧自救器，应定期更换二氧化碳吸收剂药品，以保障使用时的安全。禁止随意打开氧气瓶开关。如果氧气瓶开关有慢漏气现象，应立即送去检修，再把氧气充足。

◎**事故案例**

某日，黑龙江省某煤矿发生重大矿井爆炸事故，共造成 171 人遇难，其中包括 169 名井下矿工和 2 名地面工作人员。这起重大伤亡事故的原因是多方面的，但矿工的自救器配备问题是其中一个重要原因。据生还矿工吴某说，事故发生后，他打开随身携带的井下自救

59

器，却感觉不好使，不通气。当时井下灰尘很多，严重缺氧，他呼吸困难。他说："平时自救器都是密封着的，外面贴着封条，出了事打开以后才知道是坏的。"生还的井下瓦斯检测员张某也遇到了类似情况。他说："我打开发现里边已经没有氧气。罩在嘴上以后，无论怎么转动开关，也不供氧。后来我把自救器丢了，用毛巾蘸了巷道里的水，堵在嘴上。"张某还说，他带出来的 26 名矿工中，有的违反规程没带自救器，有的带下井的自救器是过期的。

◎ **法律知识**

《煤矿用化学氧自救器》（GB 24502—2009）规定，自救器有效期为 3 年，且自救器外壳的明显处应有永久性铭牌，标有制造日期、批号等内容。《隔绝式压缩氧气自救器》（AQ 1054—2008）规定，自救器有效期为 3 年。

第五部分 眼面部防护用品的使用

一、眼面部防护用品的基础知识

56. 生产过程中常见的眼面部伤害因素有哪些?

（1）异物性眼伤害。机械制造、冶金、建筑、矿山、建材等行业是发生眼外伤的主要工业行业。特别是在进行干磨金属、切削非金属或铸铁、切铆钉或螺钉、金属切割、粉碎石头或混凝土等作业时，如果防护不当，碎石、金属碎屑等异物容易进入眼里，有时可引起溃疡和感染。有的固体异物高速飞出击中眼球，可发生严重的眼球破裂或穿透性损伤。

农业生产中，烟、化肥、锯末、谷壳、昆虫也可进入眼中，引起异物性眼伤害。

（2）化学性眼面部伤害。生产过程中，酸、碱液体或腐蚀性烟雾进入眼中或冲击到面部皮肤，可引起角膜或面部皮肤烧伤。飞溅的氰化物、亚硫酸盐、强碱可引起严重的眼烧伤。

（3）非电离辐射眼伤害。非电离辐射包括射频辐射、红外线、紫外线、激光。焊接、切割、炉窑、玻璃加工、热轧和铸造等场所存在射频辐射、红外线、紫外线，在焊接、切割、测量中会使用激光。

射频辐射包括高频电磁场、超高频电磁场和微波等。电磁场辐射可引起眼睛疲劳和眼睑痉挛等，但这些症状是暂时的，具有可逆性特征，在停止接触数周或数月后往往可恢复。微波的热效应可引起眼球晶体混浊，导致白内障的发生。

红外线辐射眼组织可产生热效应，引起眼睑慢性炎症和职业性白内障。

紫外线可损伤人眼组织，引起日光性角膜炎、白内障、老年性黄斑退化等疾病。紫外线还可引起眼结膜炎，出现畏光、疼痛、流泪、眼睑炎等症状。紫外线引起的电光性眼炎是工业中常见的职业性眼病。

激光对人体的危害是由它的热效应和光化学效应造成的。激光能烧伤皮肤。激光投射到视网膜上可引起灼伤，甚至引起眼球出血及蛋白凝固、溶化，导致永久失明。

（4）电离辐射眼伤害。电离辐射包括 α 粒子、β 粒子、γ 射线、X 射线、热中子、质子、电子等辐射。电离辐射主要发生在核工业、核动力装置、高能物理实验、医疗门诊、同位素治疗等场所。眼睛受到电离辐射将造成严重的后果。

◎ 相关知识

电光性眼炎是因眼睛的角膜上皮细胞和结膜吸收大量而强烈的紫外线所引起的急性炎症，可由长时间在冰雪、沙漠、盐田、广阔水面作业或行走时未戴防护眼镜而引起，也可由太阳、紫外线灯等强烈紫外线的照射而致。潜伏期为 6~8 h，两眼突发烧灼感和剧痛，伴畏光、流泪、眼睑痉挛，头痛，眼睑及面部皮肤潮红和有灼痛感，眼裂部结膜充血、水肿等症状。电光性眼炎如果继发感染会造成角膜溃疡，愈后也会有角膜薄翳而影响视力。患者多数是接触电焊的工人，有时，医务人员使用紫外线消毒灯也会出现此种症状。

急救措施如下。

（1）发生电光性眼炎后，最简便的应急措施是用煮过后冷却的鲜牛奶点眼，既能缓解症状，也能止痛。使用方法：开始时几分钟点一次，而后随着症状的减轻，点牛奶的时间间隔可适当地延长。

（2）可用毛巾浸冷水敷眼，闭目休息。

（3）经过应急处理后，除了休息外，还要注意减少光的刺激，并尽量减少眼球转动和摩擦。

57. 眼面部防护用品有哪些种类？

根据防护部位和防护性能，眼面部防护用品主要有防护眼镜（罩）和防护面罩两类，主要防护眼睛和面部免受紫外线、红外线、微波等电磁波辐射和粉尘、烟尘、金属、砂石碎屑以及化学溶液溅射的损伤。

（1）防护眼镜。防护眼镜简称护目镜，是在眼镜框内装有各种护目镜片，防止不同有害物质伤害眼睛的眼部防护用品。防护眼镜常用柔韧的塑料和橡胶制成，眼镜框宽大，足以覆盖使用者的眼睛。

1）防固体碎屑的防护眼镜。护目镜片和眼镜框应结构坚固，抗打击，框架周围装有遮边，其上应有通风口。护目镜片一般选用钢化玻璃、胶质黏合玻璃或铜丝网防护镜。

2）防化学溶液的防护眼镜。护目镜片选用普通平光镜片，眼镜框有遮盖，以防溶液溅入。

3）防辐射的防护眼镜。护目镜片由能反射或吸收射线，但能透过一定可见光的特殊玻璃制成。镜片镀有金属薄膜，可以反射射线。蓝色镜片吸收红外线，黄绿镜片同时吸收紫外线和红外线，无色含铅镜片吸收 X 射线和 γ 射线。

（2）防护面罩。在生产作业过程中，防护面罩是用来保护面部和颈部免受飞来的金属碎屑伤害、有害气体喷溅、金属和高温溶剂飞沫伤害的用具。防护面罩按用途分为防打击面罩、防辐射面罩、防化学液体飞溅面罩、防烟尘毒气面罩及隔热面罩等。

1）防打击面罩。面罩用透明的有机玻璃、塑料或金属网制成，可以防止金属屑、砂石等尘粒打击面部。

2）防辐射面罩。面罩由厚钢板压制而成，质地坚韧且质量轻，绝缘性能和耐热性能好。面罩上开有观察孔，嵌入遮光护目镜。面罩有头戴式和手持式两种，观察孔也有固定式和翻动式两种。

3）防化学液体飞溅面罩。面罩大部分用有机玻璃制成。

4）防烟尘毒气面罩。用人造革制成头盔面罩，镶有机玻璃观察孔及可以更换滤料的过滤口罩，可防止由于接触沥青粉尘导致的脸部皮炎和咽喉炎。

5）隔热面罩。隔热面罩由铝箔隔热布和玻璃头盔组成，对辐射热反射效果好，质地柔软，防水，耐老化。

◎相关知识

《个人用眼护具技术要求》（GB 14866—2006）规定，眼护具按结构分为眼镜、眼罩、面罩三类，具体见表 5-1。

表 5-1　　　　　　　　　　　　眼护具分类

名称	样型				
眼镜	普通型		带侧反光板型		
眼罩	开放型		封闭型		
面罩	手持式	头戴式		安全帽与面罩结合		盔式
	全面罩	全面罩	半面罩	全面罩	半面罩	

58. 眼面部防护用品的用途是什么?

（1）防固体碎屑的防护眼镜或面罩，主要用于防御金属或砂石碎屑等对眼睛的机械损伤，用于高低压带电作业及研磨、切割、钻凿、木工、爆破、操纵转动机械等作业。

（2）防化学溶液的防护眼镜或面罩，主要用于防御有刺激性或腐蚀性的溶液对眼睛和面部的化学损伤，用于吸入性气溶胶毒性作业和沥青烟雾、矿尘、石棉尘作业以及腐蚀性作业。

（3）防辐射的防护眼镜或面罩，主要用于防御过强的紫外线、红外线、激光等辐射对眼睛的伤害，用于高温作业、放射性矿物冶炼或切割、核废料或核事故处理等作业。

（4）防打击面罩，多用于车、铣、刨、磨、凿岩等作业。

（5）焊接护目镜或面罩，适用于各种强光作业，以防弧光、电焊弧对眼面部伤害。

（6）防烟尘毒气面罩，如防沥青烟尘面罩，适用于毒气较少的作业。

（7）隔热罩，适用于消防、冶金、玻璃、陶瓷及热处理等方面的作业。

59. 如何正确选择眼面部防护用品？

（1）有碎屑飞溅的作业、操纵转动机械的作业可以使用防冲击护目镜。

（2）低压带电作业建议使用防冲击护目镜，高压带电作业建议使用防冲击护目镜或防强光、紫外线、红外线护目镜或面罩。

（3）高温作业可以使用防强光、紫外线、红外线护目镜或面罩。

（4）沾染性毒物作业、生物性毒物作业、腐蚀性作业可以使用防腐蚀液护目镜。

（5）强光作业可以使用防强光、紫外线、红外线护目镜或面罩。

（6）激光作业可以使用防激光护目镜。

（7）荧光屏作业、微波作业可以使用防微波护目镜。

（8）射线作业可以使用防放射性护目镜。

（9）野外作业可以使用太阳镜，建议使用防冲击护目镜。

（10）涉水作业可以使用防水护目镜。

（11）车辆驾驶作业建议使用防冲击护目镜、太阳镜或者防强光、紫外线、红外线护目镜或面罩。

二、常用眼面部防护用品的使用

60. 防冲击眼护具的结构和材料有什么要求？

（1）结构要求如下：

1）表面光滑，无毛刺，无锐角，不能有引起眼部或面部不舒适感的其他缺陷；

2）可调零件或结构部件应易于调节和替换；

3）透气性良好；

4）防护眼镜的防护范围必须包括正面和侧面。

（2）材料要求如下：

1）具有适当的强度和弹性；

2）不能用对皮肤有害的材料制作；

3）不能用硝酸纤维一类的易燃材料制作；

4）眼罩头带所用材料质地柔软、经久耐用；

5）镜片应由塑胶片、黏合片或经强化处理的玻璃片制成，普通玻璃片只有紧靠在这些镜片的背面时才可使用。

61. 防冲击眼护具有什么技术要求？

（1）视野要求。最小上方视野为 80°。对于两个镜片组成的眼护具，最小下方视野为 60°；对于单片镜片组成的眼护具，最小下方视野为 67°。

（2）主要技术性能要求如下。

1）抗高强度冲击性能。用于抗高强度冲击的眼镜，应满足其强度要求。

2）耐热性。镜片放在 67 ℃ 的水中，保温 3 min 后取出，再放入 4 ℃ 以下的水中，不应出现异常现象。

3）耐腐蚀性。金属部件清除表面油垢后，放入沸腾的质量分数为 10% 的食盐溶液中，浸泡 15 min，取出后再放入室温下干燥 24 h，再用温水洗净，待其干燥，观察表面无腐蚀现象为合格。

4）镜片的外观质量。镜片表面应光滑，无划痕、波纹、气泡、杂质或其他可能有损视力的明显缺陷。

62. 防冲击眼护具的产品主要有哪些？

（1）有机玻璃眼镜（面罩）。有机玻璃眼镜（面罩）透明度良好，质地坚韧有弹性，耐低温，质量轻，耐冲击强度比普通玻璃高 10 倍，但不耐高温，耐磨性差。该类眼镜主要适用于金属切削加工、金属磨光、锻压工件、粉碎金属或石块等作业场所。

（2）钢化玻璃眼镜。钢化玻璃眼镜是将普通玻璃加热到 800～900 ℃ 以后，再进行急冷却处理，使其内部发生结构应力改变，提高抗冲击强度后制成的眼镜。钢化玻璃眼镜能承受较大的冲击力，即使破裂，只产生圆粒状的碎片。

（3）钢双纱外网防护眼镜。镜架用圆形金属制成。镜框分内外两层，内层配装圆形平光玻璃镜片，安装镜脚。外层配装钢丝经纬网纱，上缘与内层框架上缘以可控扣件连接，下缘设钩卡，镜架两侧外缘至太阳穴处，与镜架连接。

佩戴时，双层镜框重叠，可防正面和侧面飞溅物对眼睛的冲击伤害。因有钢丝纱网，防护镜能见度较差，在进行必须仔细辨认的工作时，可把外层网框下缘的钩卡启开，向上推移 90°，使其与视线平行，其上缘可控扣件能稳定外框角度不致下垂。这种防护镜适用于金属切屑、碾碎物料的作业场所，但不宜在高温环境和有触电危险的作业中使用。

63. 光控电焊面罩的使用注意事项有哪些?

光控电焊面罩是一种用光电、电机、光磁等原理制成的自动保护面罩，由面罩主体和变光系统两部分组成。面罩主体采用头戴式，用阻燃 ABS 树脂一次注塑成型，轻巧、耐用，可从 3 个不同部位调节，能适应各种头型。变光系统包括光传感器、控制电路、液晶光阀、滤光片。

光控电焊面罩能滤去电焊产生的对人眼有害的红外线以及紫外线，同时将强光减弱成人眼可以承受的弱光。与传统的电焊面罩相比，光控电焊面罩不仅保护使用者的健康，而且可以使使用者清晰地观察电焊的全过程。光控电焊面罩的使用注意事项如下：

（1）光控电焊面罩适用于一切焊接作业场所，有手持式和头戴式两种产品；

（2）当护目镜片在明态时出现闪动或变暗，应更换电池；

（3）防止重摔和重压，防止坚硬的物体摩擦镜片和面罩。

64. 激光防护眼镜的使用注意事项有哪些?

（1）激光操作人员眼睛不能直接对准激光束或其反射光，即使佩戴激光防护眼镜也不要直视光束，只能斜视激光源，以防意外。

（2）根据自己使用的激光发射器确认激光的种类及波长。如果激光波长在紫外区域或红外区域，则选用完全吸收型的激光防护眼镜。如果激光波长在可视区域，可选用完全吸收型的激光防护眼镜或一部分透过型的激光防护眼镜。使用同一种激光，其波长有可能不同，所以，一定要确认波长。

（3）选用激光防护眼镜时一定要注意每副眼镜上标明的防护光密度值、可见光透过率和波长，一种镜片只能防一种波长的激光，只有少数激光防护眼镜能防两种波长，不能用一种防护眼镜代替所有的激光防护用品。

（4）在使用防护眼镜过程中要经常检查，看是否出现材料老化、变质和针孔、裂纹以及其他机械损伤，如发现上述情况，立即停止使用。

（5）在进行激光操作时，不仅要使用与激光发射波长相符合的激光防护眼镜，还要在激光发射器周围围上窗帘、隔挡物等，尽可能防止激光扩散。如果激光发射器或加工机械的周围不能围隔挡物，则要用隔挡物保护操作人员或周围人员，双重安全的对策是十分重要的。

65. 焊接防护具有哪些技术要求？

（1）焊接眼护具材料。焊接眼护具的材料应表面光洁，无毛刺，无锐角或可能引起眼面部不舒适感的其他缺陷，应具有一定的强度、弹性和刚性，不能用有害于皮肤的材料或易燃材料制作。眼罩头带使用的材料应质地柔软、经久耐用。

（2）焊接防护面罩材料。焊接防护面罩必须使用耐高低温、耐腐蚀、耐潮湿、阻燃，并具有一定强度的不透光材料制作，面罩表面光洁，不得有起层、起泡及透光的缺陷。

（3）焊接滤光片材料。焊接滤光片距边缘 5 mm 以内范围应平滑，着色均匀，无划痕、波纹、气泡、霉斑、橘皮、异物或有损光学性能的其他缺陷。

（4）焊接防护面罩及眼护具结构。铆钉及其他部件要牢固，没有松动现象。金属部件不能与面部接触，掀起部件必须灵活可靠。可调部件应灵活可靠，结构零件易于更换。应具有良好的透气性。

（5）防护面罩质量及规格。面罩的质量除去镜片、安全帽等附件后，不得大于 500 g。各类焊接防护面罩的长度、宽度、深度、观察窗应合乎要求。

（6）焊接滤光片、保护片性能要求。表面质量及内在疵病、保护片可见光透射比、滤光片颜色、滤光片透射比、屈光度偏差、平行度和强度性能等应符合焊接防护眼镜的要求。

（7）抗冲击性能。焊接防护具应能经受直径 22 mm、重约 45 g 的钢球从 1.3 m 高度自由落下的冲击，外观无变形、裂纹、碎片及影响防护性能的缺陷。

（8）防护面罩材料阻燃性能。面罩材料燃烧速度必须小于 76 mm/min，塑料材料要求离开火源 5 s 之内能自行熄灭。

66. 常见的焊接防护面罩有哪几种？

（1）手持式焊接防护面罩。这类产品由面罩、观察窗、滤光片、手柄等部分组成。面罩部分材料用化学钢纸或塑料注塑成型。手持式多用于一般短暂电焊、气焊作业场所。

（2）头戴式焊接防护面罩。这类产品由面罩、观察窗、滤光片和头带等部分组成。按材料不同，头戴式焊接防护面罩分为头戴式钢纸焊接防护面罩和头戴式全塑焊接防护面罩。头戴式的面罩与手持式的面罩基本相同，头带由头围带和弓状带组成，面罩与头带用螺栓连接，可以上下翻动。不用时可以将面罩向上掀至额部，用时则向下遮住眼睛和面部。这类产品适用于电焊、气焊操作时间较长的岗位。

（3）安全帽式焊接防护面罩。这类产品是将焊接面罩与安全帽用螺栓连接在一起，面罩可以上下灵活翻动，适用于电焊作业，既能防护电焊弧光的伤害，又能防作业环境坠落物体打击头部。

◎**事故案例**

某企业焊工在进行电焊作业时，未按规定要求使用电焊防护面罩，造成右眼视网膜黄斑部严重烧伤。电焊弧光中的红外线照射到人的眼部，主要伤害黄斑区，如果该焊工工作时按规定要求使用电焊防护面罩或者班组长等相关人员及时提醒，该事故就不会发生。

67. 常见的焊接护目镜有哪些种类？

（1）普通式焊接护目镜。这种焊接护目镜可防侧光，式样同普通眼镜。

（2）翻转式焊接护目镜。这种焊接护目镜可将焊接滤光镜片翻转，便于观察焊接件各部位，同时在眼罩上设有透气孔，可以起到通风散热的作用。

（3）折叠式焊接护目镜。其特点是左右眼罩之间以轴链相接，可以折叠，携带方便。

（4）开放式焊接眼罩。其特点是可以根据需要更换不同的滤光镜片，更换时只需将滤光镜片从框架的插槽中向一侧推出，然后插上需要的镜片，非常方便。

（5）单镜片气焊眼罩。其特点是结构简单，间接通风。

◎**事故案例**

某日，某机械加工厂电焊车间承担一批急需焊接的零部件。当时车间有专业焊工 3 名，因交货时间较紧，3 台手动焊机要同时开工。由于有的零部件较大，焊工不能独立完成作业，必须有他人协助。车间主任在没有配发任何劳动防护用品的情况下，临时安排 3 名辅助工辅助焊工操作。3 台焊机同时操作，3 名辅助工在焊接时上前扶着焊件，电光直接照射眼睛和皮肤。他们距离光源大约 1 m，每人每次上前操作 30~60 min。工作了半天，下班回家不到 4 h，除焊工佩戴有劳动防护用品没有任何部位灼伤外，3 名辅助工先后出现了眼睛剧痛、怕光、流泪、皮肤有灼热感、疼痛剧烈等症状，痛苦难忍。这起电光灼伤事故就是辅助工在参与电焊作业时未使用护目镜或面罩造成的。

68. 防热辐射面罩产品如何分类?

防热辐射面罩产品主要有 3 类。

（1）头戴炉窑热辐射面罩。面罩由有机玻璃制成，头带可用红钢纸板或塑料制作。

（2）全帽连接式面罩。面罩由有机玻璃制成，与安全帽前部用螺栓连接，可以上下掀动。该类面罩不仅防热辐射，还可防异物冲击和头部伤害。

（3）头罩式防热面罩。该类面罩由面罩、头罩和披肩构成，有全封闭式和半封闭式两种。头罩式防热面罩的头罩和披肩应用阻燃面料制作，在有热辐射的环境，应选白色或喷涂金属的材料，其反射热辐射性能较好。面罩若全由有机玻璃制成，表面可镀金属或贴金属薄膜，屏蔽效率可达到 98%，反射热辐射和隔热的效果更好。观察窗的滤光片可用镀金属膜无机玻璃或镀膜有机玻璃制作，若采用有机玻璃为基片，还可在有机玻璃片外再覆盖一层普通无机玻璃为保护片，以提高耐温性能和抗摩擦性。头罩式防热面罩多用于有热辐射、红外线辐射及火花飞溅的作业场所。

69. 强光源防护镜有哪些技术要求?

强光源防护镜是用于防御辐射波长为 250 ~ 3 000 nm 的强光源（非激光）危害的眼部护具，其主要技术要求如下。

（1）不应在滤光片或镜框上使用镜面抛光或金属抛光工艺，因为从镜架或滤光片产生的二次反射，特别是从凹面产生的二次反射，可能会增加不可控的暴露风险。

（2）镜框和侧护板应提供至少与滤光片相同的防护等级，且应防止光辐射从防护镜的边缘进入眼部。每次使用前可用亮光试一下。

（3）与皮肤接触的部件不应使用可能会刺激皮肤的材料或对健康不利的材料。

（4）用于防护镜清洁、维修或消毒的物质不应对防护镜和使用者造成不良影响。

（5）与使用者接触或可能接触的任何部分，不应存在锐边、粗糙、突起或其他可能给使用者造成伤害的缺陷。

（6）在使用者对产品不熟悉的情况下，防护镜可调节部件的设计和制造应避免使用者错误地调节。

（7）只有在使用工具的情况下才能从镜框上拆除滤光片。如果滤光片由几个独立的滤光片构成，其装配方式应避免滤光片之间的互换。

（8）光学性能、阻燃性能、强度性能等应符合强光源防护镜的要求。

第六部分 防护服的使用

70. 在生产劳动过程中对劳动者躯体造成伤害的因素有哪些?

在生产劳动过程中,可能伤害躯体的因素主要有高温作业、低温作业和化学药剂、微波辐射、电离辐射、电弧、静电危害等。

(1) 高温作业。高温作业是指在高温或有强烈的热辐射,或伴有高湿 (相对湿度 ≥ 80%) 的异常作业条件下,湿球黑球温度 (WBGT 指数) 大于或等于 25 ℃ 的作业。高温作业几乎涉及工业生产的所有行业,如炼钢、炼铁、造纸、塑料生产、水泥生产等。高温作业可分为下列 3 种基本类型。

1) 强热辐射作业。强热辐射作业有冶金工业的炼焦、炼铁、炼钢、轧钢等作业,机械制造工业的铸造、锻造、热处理等作业,陶瓷、玻璃、搪瓷、砖瓦等工业的炉窑车间作业,火力发电厂和轮船上的锅炉作业等。人在这些环境下劳动时会大量出汗,如通风不良,则汗液难以蒸发,就可能因蒸发散热困难而发生蓄热和过热。

2) 高温高湿作业。例如,印染、缫丝、造纸等工业中液体加热或蒸煮时,车间温度可达 35 ℃ 以上,相对湿度常高达 90% 以上。潮湿的深矿井内温度可达 30 ℃ 以上,相对湿度可达 95% 以上,如通风不良易形成高温、高湿和低气流的不良作业环境,即湿热环境。人在此环境下劳动,即使温度不是很高,但由于蒸发散热更为困难,大量出汗也不能发挥有效的散热作用，易导致体内热蓄积或水、电解质平衡失调，从而发生中暑。

3）露天作业。例如，农业、建筑、搬运等劳动的高温和热辐射主要来源是太阳辐射，如不采取防暑措施，常易发生中暑。

高温可使作业人员感到热、头晕、心慌、心烦、口渴、无力、疲倦等，产生一系列生理功能的改变，严重时会危害人的生命。

（2）低温作业。低温作业对人体的危害主要有 3 种情况。一是皮肤组织被冻红，出现疼痛等症状。二是低温金属与皮肤接触时对皮肤产生伤害。三是低温使人体热损失过多，对人体造成全身性生理危害，如呼吸和心率加快、颤抖，继而头痛，随着人的体温逐渐降低，症状逐渐加重，甚至导致死亡。

（3）化学药剂。酸、碱溶液和农药、化肥及其他经皮肤进入体内的化学液体，可将皮肤灼伤，或刺激皮肤产生过敏性反应和毛囊炎，或引起全身性中毒症状。

（4）微波辐射。微波对人体的危害主要表现在外周血白细胞总数暂时下降。长期接触微波的人员可能发生眼睛晶体混浊，甚至发生白内障。微波辐射对生殖器及内分泌机能、免疫功能等都有不利影响。

（5）电离辐射。电离辐射对人体伤害主要有两种类型。一种是大剂量辐射造成的急性辐射伤害，另一种是长期小剂量辐射积累造成的慢性辐射伤害。其症状基本相同，如白细胞和血小板减少、明显贫血、胃肠功能紊乱、毛发脱落、白内障、齿龈炎等，晚期有癌变，以再生性贫血和白细胞减少症较为多见。

有热源、光源就可能有辐射线，辐射线的种类随热源温度和光的强度不同而变化。物体加热至 500 ℃，即可辐射红外线；加热至 700～

1 200 ℃，除红外线和可见光外，还可辐射长波紫外线；加热至 1 300 ℃，红外线、可见光、长波紫外线的强度都相应增加；加热至 3 000 ℃，可辐射大量红外线、可见光、长波紫外线和短波紫外线。接触热源辐射线的作业很多，如电焊、气焊、吹玻璃作业以及电炉、平炉前的作业和其他电弧光作业等。

（6）电弧。电弧是一种气体放电现象，是电流通过某些绝缘介质（如空气）所产生的瞬间火花。电弧温度可高达数千摄氏度，轻则损坏设备，重则造成火灾、爆炸事故，威胁人的生命和财产安全。电弧可导致电击伤，产生的高温会使人受到严重灼伤，引起的火灾会使人烧伤。

（7）静电危害。人体静电电击可由带电体对人体放电产生，也可由带静电的人对接地体放电产生，其结果是电流流经人体产生电击，或造成指尖受伤等机能损伤，或产生心理障碍、恐惧感，进而导致二次事故。此外，静电电击还可能导致皮炎、皮肤烧伤等。

71. 什么是防护服？防护服有哪些分类？

防护服是指防御物理、化学、生物等外界因素伤害的躯体防护装备，包括防护服和防护背甲两类。防护服分一般防护服和特殊防护服，一般防护服是防御普通伤害和脏污的躯体防护用品，特殊防护服有化学防护服、热防护服、阻燃防护服、防油服、防水服、防尘服、防放射性服、防电弧服、防静电服、焊接防护服、防寒服等。常用的防护服有以下几类：

（1）化学防护服，在处理一些气体、液体、固体等化学品时穿用，避免皮肤接触或暴露于化学品中，使人体免受化学品伤害，包括防酸服、防碱服、喷射液体化学防护服、固体颗粒物化学防护服等；

（2）热防护服，防御高温、高热、高湿度等伤害人体，包括换热冷却服、铝膜布隔热服等；

（3）阻燃防护服，是指在接触火焰及炽热物体后，在一定时间内能阻止本身被点燃，避免有焰燃烧和阴燃的防护服；

（4）防油服，是指防御油污污染的躯体防护用品；

（5）防水服，是指防御水透过和漏入的躯体防护用品，包括防护雨衣、下水衣、水产服等；

（6）防尘服，是指保护人体免受一般粉尘危害的防护服；

（7）防放射性服，是指防御放射性物质伤害的躯体防护用品；

（8）防电弧服，用于保护可能暴露于电弧和相关高温中人员的防护服；

（9）防静电服，防止服装上的静电积聚，是以防静电织物为面料，按规定的款式和结构而缝制的躯体防护用品；

（10）焊接防护服，是用于焊接及相关作业场所，使人体免受熔融金属飞溅及其热伤害的躯体防护用品；

（11）防寒服，是指具有保暖性能的躯体防护用品，包括普通防寒服、电热服等；

（12）防止链锯、刃物、铳子等切伤、割伤的一般防护服和特殊防护服。

72. 防护服的类型和使用功能分别用哪些符号表示？

不同类型的防护服可以用不同的图形符号来表示，具体见表6-1。防护服使用功能的图形符号见表6-2。

表 6-1 防护服类型的图形符号

图形符号	防护	图形符号	防护
	防止转动部件 ISO 7000—2411		防热防火 ISO 7000—2417
	防冻 IOS 7000—2412		防切割和刺穿 ISO 7000—2483
	防恶劣天气 ISO 7000—2414		防颗粒辐射污染 ISO 7000—2484
	防化学品 ISO 7000—2413		防机械伤害 ISO 7000—2490
	防静电 ISO 7000—2415		防微生物 ISO 7000—2491
	防链锯伤害 ISO 7000—2416		

注：盾形框内的符号表示防护服防护的危害类型。

表 6-2 防护服使用功能的图形符号

消防防护服
ISO 7000—2418

高可视性防护服
ISO 7000—2419

喷砂操作者防护服
ISO 7000—2482

注：方框内的图形符号表示防护服的使用功能。

73. 防护服有什么防护作用?

一般防护服：使肢体活动适应作业环境，便于穿脱，不易引起钩、挂、绞、碾，有利于防止粉尘、污物沾污身体。

特殊防护服：针对作业环境中的主要危险源设计而成，如静电类防护服、阻燃隔热防护服、酸碱腐蚀类防护服、抗油拒水类防护服、防辐射类防护服等。

◎相关知识

一般防护服的应用非常广泛，大多数工人穿的工作服即一般防护服。一般防护服着装应做到领口紧、袖口紧、下摆紧，主要是防止在工作中可能引起的钩、挂、绞、碾，以防发生安全事故。在机械行业，因工作服穿戴不规范造成机械伤害事故的案例很多。

◎事故案例

某机械加工厂镗工张某在卧式镗床上加工一种较大、较复杂的工件，镗床主轴以每分钟 200 转的速度旋转。忽然张某痛苦地大叫一声，工友闻声急忙按下停车按钮。只见张某上身裸露，趴在工件上，左臂鲜血淋淋，工作服、毛衣、衬衣、背心全部被撕破缠绕在镗杆上。经送医院检查救治，张某左臂及手腕多处皮肤撕裂，肌肉严重挫伤，脾脏破裂，后经手术切除。

事故调查发现，引起事故的直接原因是张某工作服最下方的一粒纽扣未系，在他观察工件加工情况时，衣角被镗杆绞住，由此而造成事故。从这起事故看，正确穿戴个人劳动防护用品是保障生产安全的一个重要措施，假如张某上岗前将上衣纽扣全部扣紧，事故是完全可以避免的。

74. 防护服的使用注意事项有哪些?

（1）防护服购进穿用前，应对照产品技术要求检查其质量。

（2）使用前应认真阅读产品说明书，熟悉其性能及注意事项，同时进行必要的穿着训练。

（3）按产品说明书介绍的方法穿用。

（4）要重视防护服的使用条件，不可超限度穿用。

（5）特殊防护服使用完毕，应进行检查、清洗、晾干保存，以便下次再用。产品应存放于干燥、通风、清洁的库房。以橡胶为基料的防护服，可用肥皂水洗净后冲洗晾干，撒些滑石粉膏存放。以塑料为基料的防护服，一般只在常温下清洗、晾干。以特殊织物为基料的防护服，如等电位均压服、微波防护服、防静电服等应远离油污，保持干燥，防止腐蚀性物质损坏防护服，避免织物中的金属等导电纤维折断，并应定期检查其电性能指标。

（6）应定期对防护服进行维护保养，一旦发现破损要及时修补或更换。

75. 哪些情况下用人单位应该给劳动者配备防护服?

配备和正确使用防护服可以保护劳动者免受作业环境中物理、化学和生物因素的伤害。《用人单位劳动防护用品管理规范》规定，用人单位应按照识别、评价、选择的程序，结合劳动者作业方式和工作条件，并考虑其个人特点及劳动强度，选择防护功能和效果适用的劳动防护用品。用人单位应该给劳动者配备防护服的情形如下：

（1）接触粉尘及有毒、有害物质的劳动者应当根据不同粉尘种类、粉尘浓度及游离二氧化硅含量和毒物的种类及浓度配备相应的呼吸器、防护服、防护手套和防护鞋等；

（2）工作场所中存在电离辐射危害的，经危害评价确认劳动者需佩戴劳动防护用品的，用人单位可参照相关标准为劳动者配备劳动防护用品，包括防辐射服、防放射性服、防放射性手套等；

（3）在强烈辐射热或者低温条件下作业的劳动者应配备劳动防护用品；

（4）在经常腐蚀衣服、潮湿或者特别肮脏的环境作业的劳动者应配备劳动防护用品。

76. 哪些作业场所必须按要求穿戴防护服？

（1）井下作业。

（2）有强烈辐射热、烧灼危险的作业。

（3）有刺、割、绞、碾压危险或严重磨损而可能引起外伤的作业。

（4）接触有毒、有放射性物质，对皮肤有感染的作业。

（5）接触有腐蚀性物质的作业。

（6）在严寒地区冬季经常从事野外、露天作业而自备棉衣不能御寒的工种及经常从事低温作业的工种应按要求穿戴防护服。

77. 一般防护服有哪些款式要求和分类？

（1）款式要求。一般防护服是防御普通伤害和脏污的工作服，根据不同行业要求，可选用不同面料制成各种工作服、标志服。

1）一般防护服应做到安全、适用、美观、大方，应有利于人体正常生理要求和健康。款式应针对防护需要进行设计。

2）根据防护服功能需要，选用与之相适应的面料，以便于洗涤和修补。防护服颜色应与作业场所背景色有区别，不得影响各种色光信号的正确判断。凡需要有安全标志的，标志颜色应醒目、牢固。

（2）分类。一般防护服按结构分为上、下身分离式及衣裤（或帽）连体式、大褂式、背心、背带裤、围裙、反穿衣等。

78. 酸碱类化学防护服有哪些技术要求？

酸碱类化学防护服是指工业生产中作业人员使用的防护液态酸碱类化学品的防护服，包括防酸服、防碱服、防酸碱服。酸碱类化学防护服的技术要求主要如下。

（1）服装结构应有利于使用者的安全与卫生，与皮肤直接接触的材料应无皮肤刺激性或其他有害健康的影响，不影响人体正常生理要求。

（2）服装应便于穿脱，利于作业时的肢体活动。

（3）分身式防护服上衣应领口紧、袖口紧和下摆紧，裤子应为直筒裤。连体式防护服应领口紧、袖口紧、裤腿紧。

（4）防护服各部分的结合部位应严密、合理，能防止酸碱侵入。防护服的结构应考虑与其他防护装备的搭配使用。例如，上衣袖子与防护手套、裤子与防护鞋（靴）之间的结合部位应严密、合理，防止酸碱侵入。

（5）服装上应无可积存酸碱的明衣袋等结构，但可以有内衣袋。

（6）附件应便于连接和脱开，材质应耐腐蚀。

79. 什么是防酸工作服？防酸工作服有哪些种类？

防酸工作服是用耐酸性织物或橡胶、塑料等材料制成的防护服，是从事酸作业人员穿用的具有防酸性能的服装。

防酸工作服产品根据材料的性质不同分为透气式防酸工作服和不透气式防酸工作服两类。透气式防酸工作服用于中、轻度酸污染场所，产品有分身式和大褂式两种款式。不透气式防酸工作服用于严重酸污染场所，有连体式、分身式。

80. 酸对人体有什么伤害？防酸工作服的防护原理是什么？

（1）酸对人体的危害。酸分为无机酸和有机酸两大类。无机酸根据其化学性质的强弱，分为强酸（如硫酸、硝酸、盐酸，俗称三酸）、中强酸（如磷酸、亚硫酸等）和弱酸（如碳酸、亚硝酸等）3 种。

硫酸、硝酸、盐酸具有强腐蚀性，其中硫酸常用浓度为 98%（质量分数），又称 98 酸，接触水可释放大量热。硝酸常用浓度约 65%（质量分数），吸湿性强，氧化性强，易挥发，接触水可释放热。盐酸常用浓度约 38%（质量分数），在化工、电镀、金属酸洗、制药、鞣革等行业中使用较多。

酸通常以液体状态与皮肤黏膜接触而引起烧灼伤，蒸发的气体或酸雾可对眼睛、呼吸道和牙齿等产生刺激而引起损害（酸雾是生产性毒物之一）。液态时，硫酸较盐酸、硝酸的腐蚀性强；气态时，硝酸比硫酸的腐蚀性强。高浓度少量酸液溅到皮肤上，可立即发生局部组织蛋白凝固坏死。接触大量酸液，能引起组织腐烂溶解。长期接触低浓度无机酸，皮肤会干燥破裂。硫酸雾能腐蚀牙齿，氢氰酸还能渗透到肌肉、骨骼，使其出现坏死现象。

（2）防酸工作服的防护原理。防酸工作服主要是采用耐酸物质，使人体与酸液或酸雾隔离，并通过过滤材料，中和酸雾，保护呼吸道和口腔。

◎**事故案例**

（1）某日上午，某公司两名正在装卸硝酸的工人因操作不当导致硝酸泄漏。他们在操作时没有按照要求穿戴防护服，导致一人胸部被灼伤，一人手臂被灼伤。

（2）某炼油厂一车间工人在接收酸液的过程中，违反了切换罐操作规程，造成管线憋压，酸液从阀门法兰处喷出并溅到没有任何防护的工人身上，造成灼伤事故。该工人住院治疗近两个月，给个人和单位造成了严重的损失。

81. 什么是防静电服? 有哪些使用要求?

防静电服是在易产生静电积累的作业场所，以防静电织物为面料，为减少工作服的静电积累所使用的劳动防护用品。防静电服的使用要求如下。

（1）面料应无破损、斑点、污物或其他影响面料性能的缺陷。

（2）凡是在正常情况下爆炸性气体混合物连续出现、短时间频繁出现或长时间存在的场所及爆炸性气体混合物有可能出现的场所，可燃物的最小点燃能量在 0.25 MJ 以下时，应穿用防静电服。

（3）禁止在火灾爆炸危险场所穿、脱防静电服。

（4）禁止在火灾爆炸危险场所穿用的防静电服上附加或佩戴任何金属物件。

（5）在火灾爆炸危险场所穿用防静电服时，必须与国家相关标准中规定的防静电鞋配套穿用。

（6）外层服装应完全遮盖住内层服装。分体式上衣应盖住裤腰，弯腰时不应露出裤腰。

（7）防静电服应保持清洁，保持防静电性能，使用后用软毛刷、软布蘸中性洗涤剂刷洗，不可损伤布料纤维。

（8）穿用一段时间后，应对防静电服进行检验，若防静电性能不符合标准要求，则不能再作为防静电服使用。

◎ **相关知识**

静电在工业生产中的危害很大，不仅影响生产，而且容易引发各种火灾爆炸事故等。研究发现，静电对人体有害无利。人体长期在静电辐射下，会出现焦躁不安、头痛、胸闷、呼吸困难、咳嗽等症状。在家庭生活当中，静电不仅存在于化纤衣服，地毯、日常的塑料用具、油漆家具以及各种家电均可能带有静电。静电可吸附空气中的尘埃，而且带电量越大，吸附尘埃的数量就越多。由于尘埃中往往含有多种有毒物质和病菌，轻则刺激皮肤，影响皮肤的光泽和弹性，重则使皮肤起斑生疮，更严重的还会引发支气管哮喘、心律失常等病症。

82. 什么是阻燃服？使用注意事项有哪些？

阻燃服是在接触火焰及炽热物体后，在一定时间内能阻止本身被点燃，避免有焰燃烧和无焰燃烧的防护服。它适用于有明火、散发火花，或有易燃物质并有轰燃风险的场所，如油田、加油站及化工、消防等相关工作场所。阻燃服根据防护能力分为 A、B 两个级别。

阻燃服的使用注意事项如下：

（1）禁止在有明火、散发火花、熔融金属附近，以及有易燃易爆物品的场所更衣；

（2）禁止在阻燃服上附加或佩戴任何易熔、易燃的物件；

（3）穿用阻燃服时，必须配穿相应的防护装备，以完全达到技术要求；

（4）阻燃服不得与腐蚀性物品放在一起，存放处应干燥通风，防止鼠咬、虫蛀、霉变；

（5）运输时不得损坏包装，防止日晒雨淋。

◎相关知识

人体的皮肤对热是非常敏感的。皮肤在接触 44 ℃以上高温时会被烧伤，最初发生创痛，形成Ⅰ度烧伤，继而起疱，出现Ⅱ度烧伤。在 55 ℃时，Ⅰ度烧伤维持 20 s 以后，会形成Ⅱ度及Ⅲ度烧伤。在 72 ℃时，皮肤将被完全烧焦。因此，在工业炉窑、化工、石油、建筑、煤炭和消防行业，都应配备阻燃服，以便在着火时减缓火焰蔓延，降低热转移速度，使防护服逐渐炭化形成隔离层，以保护劳动者的安全和健康。

83. 什么是防尘服？防尘服有哪些分类？

防尘服是使从事一般粉尘作业（如铸件清砂、抛光、打磨除锈、除尘设备清扫、水泥包装等）的劳动者免受粉尘危害的防护服。

防尘服按用途分为 A 类防尘服（普通型）和 B 类防尘服（防静电型），按款式分为连体式防尘服和分体式防尘服。

◎相关知识

尘肺病是危害我国工人健康最严重的职业病。2021 年共报告各类职业病新病例 15 407 例，其中尘肺病 11 809 例，占总数的 76. 65 %。

84. 油和水对人体有什么影响？抗油、拒水类防护服适用于哪些行业？

（1）动、植物油类除污染衣物和皮肤，使人体感觉不舒服外，对人体并无多大影响。引发职业危害的，主要是矿物油及其裂解物，这些物质可渗入皮肤而引起各种皮肤病，一般病程较长，不易治愈。

汽油和汽油蒸气可使皮肤干燥、皲裂，进而感染各种病菌，造成皮肤病。汽油还能损害人的中枢神经系统，使人出现烦躁不安、肌肉痉挛、抽搐、瞳孔放大、对光反射消失等症状，甚至昏迷休克，危及生命。

长期接触海水、污水，对皮肤有腐蚀、刺激、感染作用，有的导致皮肤干燥、皲裂或溃烂生疮。

（2）抗油、拒水类防护服由经过整理（织物经含氟聚合物浸轧整理和涂层并用工艺）的织物制成，其纤维表面能排斥并疏远油、水类液体介质，从而达到既不妨碍透气舒适，又能有效抵抗此类液体对内衣和人体侵蚀的目的。抗油、拒水类防护服主要用于接触油、水介质频繁的作业环境，如石油、井下及机加工作业等。

85. 防水服的种类和使用范围是什么？

防水服是防御水透过和渗入的工作服，主要用于保护从事淋水作业、喷溅水作业、排水作业、水产养殖作业、矿井作业、隧道作业等浸泡水中作业的人员。

产品类别如下：

（1）胶布防护雨衣和防水工作服，是以橡胶涂覆织物为面料，经裁剪、缝制、黏合工艺制成的工作服，适用于从事淋水作业的人员；

（2）下水衣、下水裤、水产服。

86. 防水服的使用注意事项有哪些？

（1）防水服的用料主要是橡胶，使用时应严禁接触各种油类

（包括机油、汽油、食用油等）、有机溶剂、酸、碱等物质。

（2）洗后不可暴晒、火烤，应晾干。

（3）存放时尽量避免折叠、挤压，要远离热源，通风干燥。如需折叠，可撒些滑石粉，以免粘连。

（4）使用中避免与锐利物接触，以免割破后影响防水效果。

87. 核辐射防护服与辐射防护服的作用和用途是什么？

核辐射防护服又称射线防护服，是为专门防护 α 粒子和 γ 射线而研制的特殊服装。核辐射防护服根据不同的工作环境有密闭式、连体式、白大褂式等。这些款式又有长袖、短袖、无袖之分，包括腺性防护、下体防护等。核辐射防护服的主要用途如下：

（1）适用于包括焊接及热切割在内的室内维修操作，但不能用于灭火工作场所；

（2）适用于化工等有剧毒危险的抢修、维修作业等；

（3）适用于病毒预防和生物战剂等相关的极危险作业。

辐射防护服包括中子辐射防护服、100 keV 以下辐射防护服、射频微波辐射防护服、X 射线防护服、紫外线防护服五大类，主要作用是防止人体直接暴露于辐射源之下，避免人体受到辐射伤害。

◎ 相关知识

随着现代科学技术的飞速发展，各种高能射线在军事、通信、医学、工农业等领域和日常生活中得到越来越广泛的应用。各种射线在给人们带来方便的同时，也在某种程度上给人带来一些危害。人体长时间受超剂量的辐射，将引起全身性的疾病，出现头昏、乏力、食欲消退、脱发等神经衰弱症状。人体受大剂量辐射，不仅可以使机体产生病变，而且辐射停止后还会产生远期效应或遗传效应，如诱发癌症、后代小儿痴呆症等。

88. 隔热服的使用注意事项有哪些？

隔热服是按规定的款式和结构缝制的，避免或减轻工作过程中的接触热、对流热和热辐射对人体伤害的工作服。隔热服的使用注意事项如下：

（1）使用前应目测检视隔热服，保证所有安全装备处于良好状态，干净并且没有破损；

（2）隔热服的面屏必须处于良好状态且处于正确位置，没有影响视线的刮痕；

（3）必须同时佩戴空气呼吸器及通信器材，以保证在高温状态下使用者能正常呼吸及与他人联系；

（4）如果需要较长时间使用隔热服（如消防员进行消防作业），必须用水枪、水炮保护；

（5）严禁在有化学溶液和放射性伤害的场所使用；

（6）使用后，可用棉布擦净隔热服表面烟垢、烟熏痕迹，用软毛刷蘸中性洗涤剂刷洗其他污垢，并用清水冲净，悬挂在通风处，自然晾干，严禁用水浸泡或捶击隔热服；

（7）隔热服最佳的存放方式是将其垂直悬挂在柜子内，并定期检查，以防霉变。隔热服需要折叠存放时，应确保折叠后隔热服不会形成较深的褶痕，否则可能会损坏隔热服的镀铝表面。

89. 防电弧服的作用是什么？有哪些使用要求？

防电弧服可以保护可能暴露于电弧和相关高温危害中的作业人员（包括在发电、输电、变电、配电和用电过程中从事运行、调试、检修和维护等相关工作的人员）躯干、手臂部和腿部。防电弧服具有阻燃、隔热、抗静电、防电弧爆等功能，一旦接触到电弧火焰或炙热物体，内部的高强低延伸防弹纤维会自动迅速膨胀，从而使面料变厚且密度变高，形成对人体保护性的屏障。防电弧服分为两类：一类是防电弧操作服（长大褂型），另一类是防电弧工作服（三紧式夹克和长裤型）。

防电弧服的使用要求如下。

（1）在容易发生电弧危害的环境中，必须与其他防电弧用品一起使用，如防电弧头罩、防电弧手套、防电弧鞋罩等。在进入带电弧环境前，应穿戴好防电弧服及其他的配套装备。

（2）在使用防电弧服的过程中，作业人员不应有麻痹心理，不要放松对电弧危害的警惕，不得随意暴露身体。当有异常情况发生时，要及时脱离现场，切忌与火焰直接接触。

（3）防电弧服遇潮湿后需要尽快晾干，如有污渍应尽快洗涤并晾干，以免发霉或产生病菌。

（4）防电弧服应在清洁、干燥、无油污和通风的条件下单独存放，避免阳光直射。

（5）防电弧服损坏并无法修补或者一旦暴露在电弧能量之后应报废。

（6）超过厂商建议服务期或正常洗涤次数的防电弧服应进行检测，检测不合格应报废。

90. 其他类防护服还有哪些？各自的作用是什么？

（1）焊接服。焊接服防御焊接时的熔融金属飞溅、火花和高温灼烧人体。

（2）防寒服。防寒服用于低温作业，保护人体免受冻伤。

（3）森林防火服。森林防火服是森林消防员在灭火时专门穿用的特种工作服，用于防御火焰、炙热物体、高温和高热等伤害，保护人体安全。

（4）带电作业屏蔽服。带电作业屏蔽服又叫等电位均压服，其作用是在穿用后，使处于高压电场中的人体外表各部位形成等电位屏蔽面，从而保护人体免受高压电场及电磁波的危害。

（5）高可视性警示服。高可视性警示服是利用荧光材料和反光材料进行特殊设计制作，以增强使用者在可见性较差的高风险环境中的可视性并起警示作用的服装。

（6）普通防护服。普通防护服分为矿工普通工作服和铁路一般劳动防护服以及普通劳保服3种。矿工普通工作服是矿工作业时穿着的用来防御普通伤害及脏污的防护服。铁路一般劳动防护服是预防铁路系统普通伤害和脏污的工作服。普通劳保服是在日常工作中使用的普通工作服，具有一定的防护能力，便于穿脱，不易引起钩、挂、绞、碾等。

第七部分 鞋类防护用品的使用

一、鞋类防护用品基础知识

91. 劳动过程中常见的足部伤害因素有哪些?

（1）物体砸伤或刺割伤。这是最常见的伤害因素。在机械工业、冶金工业、建筑工业等生产或施工过程中，常有物体坠落或铁钉、锐利的物品散落在地面上，容易砸伤足趾或刺伤足底。例如，某冶金炉修理厂脚伤人数占工伤总人数的50%左右。

（2）高低温伤害。在冶炼、铸造、金属热加工、焦化、工业炉窑等作业场所，不仅环境温度高，而且有强辐射热灼烤足部，炽热的物料、熔融的金属溶液易喷溅到足面或掉入鞋内引起烧伤、烫伤。在寒冷地区，特别是在冬季户外施工时，温度在 0 ℃以下，甚至在-30～-20 ℃。足部受到低温的影响，可能发生冻伤，降低工作效率。

（3）化学性（酸、碱）伤害。在化工、造纸、有色金属冶炼、电池生产等作业中，劳动者常常接触酸、碱等化学溶液，可能发生足部被酸、碱灼伤的事故。

（4）触电伤害。触电伤害是工伤事故中常见的伤害因素，可分为接触电伤害和非接触电伤害。接触电伤害主要是电流伤害，它可破坏人体内部组织，如心脏、呼吸系统、神经系统等。轻者有针刺感、打击感，出现颤抖、痉挛、血压升高、心律不齐甚至昏迷。重者可发生心室颤动、心搏停止、呼吸停止甚至死亡。非接触电伤害主要是电弧伤害，表现为电烙印、电烧伤、皮肤炭化，严重者会伤及肌肉、骨骼和内部器官。在电流通过人体时，手、足是最易发生触电的部位，可见足部防触电的重要性。

（5）静电伤害。静电主要引起人的心理障碍，使人产生恐惧情绪，可造成手被机器轧碾或失足从高处坠落等二次事故。此外，静电电击也可能造成皮肤烧伤和皮炎。如果劳动者鞋底材质不符合要求，在行走时就有可能与地面摩擦而产生静电。工业中静电的主要危害是易引发火灾爆炸事故。

（6）强迫体位。强迫体位主要发生在低矮的井下巷道，膝部常弯曲或膝盖着地爬行，引发滑囊炎。

◎ **事故案例**

某日下午，某水泥厂包装工在进行倒料作业。王某因脚穿拖鞋，行动不便、重心不稳，左脚踩进螺旋输送机上部 10 cm 宽的缝隙内，正在运行的机器将其脚和腿绞了进去。王某大声呼救，其他人员见状立即停车并反转盘车，才将王某的脚和腿抽出。尽管王某被迅速送到医院救治，仍造成左腿高位截肢。

造成这起事故的直接原因是王某未按规定穿工作鞋，而是穿拖鞋在凹凸不平的机器上行走，失足踩进机器缝隙。这起事故说明，上班时间劳动者必须按规定佩戴劳动防护用品，绝不能穿拖鞋上岗工作。一旦发现这种违章行为，班组长以及其他劳动者应该及时制止。

92. 足部防护用品有哪些种类?

足部防护用品是指保护劳动者小腿及足部免受物理、化学和生物等外界因素伤害的防护装备。足部防护用品包括防护鞋、护腿、防护鞋套,主要是鞋类防护用品。防御应用场所中较大危害因素的防护鞋称为特种防护鞋,防御不明显的危害因素的防护鞋称为常规防护鞋。国家对特种防护鞋的生产、经营非常重视,建立了许可证制度,并要求按照国家强制性标准执行。

防护鞋按防护性能分为以下几类:

(1)工业用防护鞋,包括防水鞋、防寒鞋、电绝缘鞋、防静电鞋、导电鞋、电热鞋、防化学品鞋、防腐蚀(碱、酸、油、有机溶剂腐蚀)鞋、放射性污染防护鞋、防尘污及一般机械伤害的鞋、防滑鞋、防振鞋、轻便鞋、无尘鞋、防刺穿鞋;

(2)林业安全鞋,包括采伐鞋、扑火用阻燃鞋;

(3)铸造及类似热作业用安全鞋;

(4)建筑等高处作业用安全鞋;

(5)搬运工、修理工等工种用安全鞋;

(6)采矿鞋。

93. 防护鞋的功能和特点是什么?

防护鞋的作用是使用一定的特殊材料或外加的屏蔽材料,采取阻隔、封闭、吸收、分散等手段,保护足面、足趾和足底免受外来的侵害。防护鞋的主要功能是防止生产过程中有害物质和能量伤害劳动者足部、小腿部。防护鞋鞋底具有一定的耐油性能,鞋帮采用皮革、布料、海绵等制成,方便劳动者劳动,因此在各行业中大量应用。

◎**事故案例**

某施工工地发生一起意外事故，一根 4 米多长的木棍突然从天而降，砸在一名工人的脚面。由于该工人没有穿任何防护鞋，脚被戳穿。

94. 各类防护鞋的功能是什么？

（1）防油鞋用于地面积油或溅油的作业场所。

（2）防水鞋用于地面积水或溅水的作业场所。

（3）防寒鞋用于低温作业人员的足部保护，以免受冻伤。

（4）防刺穿鞋用于足底保护，防止被各种尖硬物件刺伤。

（5）防砸鞋的主要功能是防坠落物砸伤足部。

（6）隔热鞋以隔绝热源和熔融金属来保护足趾，用于防止熔融金属从鞋的小孔、舌头、边缘或者其他缝隙中进入鞋内。

（7）炼钢鞋主要功能是防烧烫、刺割，应能承受一定静压力，耐一定温度，不易燃。这类防护鞋适用于冶炼、炉前、铸铁等作业场所。

95. 防护鞋选择和使用原则是什么？

（1）应根据工作场所的防护需求正确选择相应种类的防护鞋，同时不应引起其他危害。

（2）防护鞋应合脚，鞋号应合适，使人穿起来感到舒适。

（3）防护鞋要有防滑设计，不仅要保护人的足部免遭伤害，而且要防止劳动者滑倒。

（4）各种不同性能的防护鞋，要达到各自防护性能的技术指标，如保证足趾不被砸伤，足底不被刺伤，具有绝缘、导电等性能。但防护鞋不是万能的。

（5）劳动者应接受培训，理解所选用的防护鞋功能的适用范围和局限性，掌握使用方法，并正确使用。

（6）使用防护鞋前要认真检查或测试，在电气和酸碱作业中，破损和有裂纹的防护鞋都是有危险的。

（7）防护鞋应正确维护，用后要妥善保管。橡胶鞋用后要用清水或消毒剂冲洗并晾干，以延长使用寿命。防护鞋一旦破损应停止使用。

97

96. 哪些作业场所必须穿防护鞋？

（1）防刺穿鞋是具有防机械刺穿性能的防护鞋。当作业现场存在堆置物或有运转的机器设备、运输器械，或使用工具操作时，应穿防刺穿鞋。

（2）存在重物坠落或压脚的作业环境应穿保护足趾鞋。

（3）具有高温辐射和火花飞溅环境的高温作业属于高温兼强辐射类型的作业，如冶金工业相关作业等，应穿高温防护鞋。

（4）在浓度较低的酸碱作业场所，应穿防腐蚀鞋。

（5）经常使衣服腐蚀、潮湿或者特别肮脏的操作，必须穿防护鞋。

97. 如何选用防护鞋？

（1）防护鞋品种很多，应根据作业条件的不同，分别予以选用。因此，不同的工种，应发放不同的防护鞋，即按实际需要来发放。

（2）掌握质量标准。

（3）注意特殊要求。对特殊防护鞋，应按产品说明书中的要求来选择与使用，以免发生意外。例如，对电绝缘鞋、防静电鞋，应按指定要求选用，否则会造成严重的后果。

（4）鞋形要与脚形相适应。防护鞋的选用，要与脚形一致，可稍微偏大偏肥一些。

◎相关知识

防护鞋与职业鞋的区别。

防护鞋是指具有保护特征，鞋内前端有保护包头，能抗冲击能100 J、耐 10 kN 静压力的鞋，可以保护劳动者足趾免受意外伤害。

职业鞋具有保护特征，未装保护包头，用于保护劳动者免受意外事故引起的伤害。

98. 如何正确维护、保养防护鞋？

（1）按照产品说明书的有关内容和要求实施检查、维护和储存。

（2）不应储存在潮湿环境中。

（3）在使用完后应进行清洁和定期保养，在恶劣环境中使用时，其使用有效期将会缩短。

（4）作业完成之后，潮湿的防护鞋和配件应放置在干燥通风处，但不应靠近热源，避免防护鞋过于干燥而导致龟裂。

（5）用人单位应确保必要的维修费用，对防护鞋产品说明书中提示可修复的缺陷，应予以修复后方可使用。

（6）劳动者应接受培训，理解和掌握维护方法和判废标准，并正确维护。

（7）应严格按照防护鞋判废标准及时报废。

二、不同防护鞋的使用

99. 保护足趾鞋有哪些使用要求?

保护足趾鞋是足趾部分装有保护包头，保护足趾免受冲击或挤压伤害的防护鞋，又称防砸鞋。对于存在重物坠落或压脚危险的作业环境，应选择和使用保护足趾鞋。在磁性和带电作业的工作场所，保护足趾鞋的保护包头应采用非金属材料。在不损坏鞋的情况下，装入鞋内的保护包头应不能移动。不同防护级别的保护足趾鞋的防砸功能应在防护范围内进行使用，保护足趾鞋受到过一次重物坠落或砸压损伤后不应继续使用。

100. 什么是刺穿伤害? 防刺穿鞋有什么功能?

作业场所存在堆置物或工业材料，或者有运转的机器设备、运输器械，或在使用工具时可能发生钉子、金属废料或其他尖锐物体刺、割劳动者足底的危险，其伤害情况与机械外伤相同。刺穿伤害在接触机械和工具材料的行业、工种极为普遍，其他行业如交通运输业以及仓储业，也存在类似伤害。

防刺穿鞋是在鞋底上方置入金属或非金属防刺穿垫，防止锐器和利物刺穿鞋底对劳动者足底造成伤害。防刺穿鞋用于足底保护，防止足底被各种坚硬物件刺伤，主要适用于采矿、机械、建筑、冶金、采伐、运输等行业。

101. 防静电鞋和导电鞋的主要功能是什么?

防静电鞋和导电鞋都是以消除人体静电为目的的防护鞋，包括皮鞋和布面胶底鞋，用于易燃易爆场所。防静电鞋不仅可防止人体静电积聚，而且可以防止因不慎触及250 V以下工频电所带来的电击危险。导电鞋不仅可以在尽可能短的时间内消除人体静电，而且可以将人体静电电压降为最低，但仅适用于不会遭到电击的场所。

◎ **相关知识**

在生产工艺过程和劳动者操作过程中，由于某些材料的相对运动、接触与分离等原因，会形成静电。静电不会直接致命，但是静电电压可高达数万乃至数十万伏，可能在现场发生放电，产生静电火花。静电的危害主要体现在以下几个方面。

（1）在有爆炸和火灾危险的场所，静电火花会成为可燃性物质的点火源，造成爆炸和火灾事故。

（2）人体因受到静电电击的刺激，可能引发二次事故，如坠落、跌伤等。此外，对静电电击的恐惧心理还会对工作效率产生不利影响。

（3）某些生产过程中，静电的物理现象会影响生产活动，导致产品质量不良，电子设备损坏，甚至造成生产故障，乃至停工。

102. 防静电鞋和导电鞋的使用注意事项有哪些?

（1）防静电鞋和导电鞋都有防止人体静电积聚的作用，可用于易燃易爆作业场所。但不同之处是防静电鞋可以防止250 V以下电源设备的电击，而导电鞋则不能用于有电击危险的场所。

（2）防静电鞋虽然有防电击的作用，但禁止当电绝缘鞋使用。

（3）穿用防静电鞋和导电鞋时，不应同时穿绝缘的毛料厚袜及垫绝缘鞋垫。

（4）穿用防静电鞋的场所应是防静电的地面，穿用导电鞋的场所应是能导电的地面。

（5）防静电鞋应同时与防静电服配套穿用，注意产品清洁、防水、防潮。

（6）在穿用过程中，应对防静电鞋和导电鞋的电阻进行测试。如果电阻值不在规定的范围内，则不能作为防静电鞋或导电鞋继续使用。

◎ **相关知识**

穿用防静电鞋或导电鞋时，工作地面必须有导电性，以便于消除静电，不能用绝缘橡胶板铺地。同时最好穿用导电袜或其他较厚的袜子，以便使人体静电通过鞋底导入地面。认清防静电鞋和导电鞋的特殊标志，千万不能将其作为电绝缘鞋使用，以免发生危险。

103. 为什么要使用电绝缘鞋?

电绝缘鞋是能使人的足部与带电物体绝缘，阻止电流通过身体，防止电击的防护鞋。

电在当今生产和日常生活中应用非常广泛。除了电力工业的发电厂、电站和供电部门外，各行各业都有电工。人体是电的不良导体，不同部位、不同器官的导电能力和电阻都不一样。皮肤的角质层在干燥时有较高的电阻值。但当皮肤有出汗、积尘等现象时，电阻值会急剧下降。当人体接触带电物体，形成闭合回路中的一个通路，或处于高压感应区内，或处于跨步电位范围时，若处理不当，会造成触电事故。

电绝缘鞋就是为了防止以上情况发生而设计出来的一种防护鞋。

◎**事故案例**

某锰矿工人进入工地作业途中，在进入平巷与斜井相交的三角区时欲上厕所，该工人右手习惯地紧压住肩膀上扛着的风钻。此时，风钻末端触及平巷电车上部悬挂的裸露电源线，因其穿的是电绝缘鞋，没有被电击倒。但其尿液触地的一刹那，构成了电源通路，只见一道电弧闪过，该工人被电流击倒。这是工人不懂防护知识而引起的事故。

◎**相关知识**

生产和生活都离不开电。但是如果不能正确地认识电、使用电，它也会给人们造成伤害。例如，人体接受过量的电流，可能会造成电击伤；电能转换为热能作用于人体，可致使人体烧伤或灼伤；电气设备可产生电磁波，过量的电磁辐射会损害人体机能。

当人体的接触电流达到 0.5~1 mA 时，人就有手指、手腕麻或痛的感觉；当电流增至 8~10 mA 时，针刺感、疼痛感增强，机体发生痉挛，会抓紧带电体，但最终能摆脱带电体；当接触电流达到 20~30 mA时，会使人迅速麻痹，血压升高，呼吸困难，不能摆脱带电体；当接触电流超过 50 mA 时，就会使人呼吸麻痹，身体震颤，数秒钟后就可使人毙命。

104. 防化学品鞋的主要作用和分类是什么？

防化学品鞋是保护劳动者足部免遭作业过程中化学品伤害的鞋靴。防化学品鞋具有防水性、防漏性、防滑性，使用纺织品、皮革、橡胶或塑料等材料制成，这些材料在正常使用时不应释放或降解出有毒、致癌、致基因突变、过敏、生殖毒素或其他有害物质。

防化学品鞋分为Ⅰ类和Ⅱ类。Ⅱ类防化学品鞋是全橡胶（即完全硫化的）或全聚合材料（即完全模制的）鞋。Ⅰ类防化学品鞋是除全橡胶或全聚合材料鞋外，用皮革和其他材料制成的鞋。防化学品鞋按防化学品水平分为降解级和渗透级，降解级的鞋可以是Ⅰ类或Ⅱ类，渗透级的鞋只能是Ⅱ类。

105. 耐酸碱鞋（靴）的主要作用和分类是什么？

耐酸碱鞋（靴）以防水革、塑料、橡胶等为鞋的材料，配以耐酸碱鞋底，经模压、硫化或注压成型，具有防酸碱性能。其主要作用是在足部接触酸碱或溶液泼溅在足部时，保护足部不受伤害。耐酸碱鞋（靴）只适用于一般浓度较低的酸碱作业场所，不能浸泡在酸碱液中进行长时间作业，以防酸碱溶液浸入鞋内腐蚀足部造成伤害。根据材料的性质，耐酸碱鞋（靴）可分为耐酸碱皮鞋、耐酸碱塑料模压靴和耐酸碱胶靴3类。

106. 高温作业环境对足部有什么伤害？

高温作业场所包括冶金工业的炼焦、炼铁、炼钢、轧钢车间，机械工业的铸造、锻造、热处理车间，陶瓷、玻璃、砖瓦工业的窑炉等。

在这类作业场所，不同的热源通过传导、对流、辐射的方式使周围地面温度升高。地面对流热作用于足部所引起的损伤称为烫伤，明火或熔融物质直接作用于足部所引起的损伤称为烧伤。

◎ **相关知识**

在高温下进行生产劳动，人体可出现一系列生理功能改变，如体温调节、水盐代谢、循环系统、消化系统、神经系统、泌尿系统等都可发生变化，若超过一定限度，人体健康会受到一定影响。男女职工在高温下作业，机体的反应是有差异的。一般女性发汗量低，水分和盐分消耗（按每千克体重计算）低于男性，体温增高程度也小于男性，但疲劳症状较男性明显。长期在高温下作业，还可影响生殖机能，如不易妊娠等。

107. 其他类防护鞋（靴）的作用是什么？

（1）高温防护鞋。高温防护鞋是指在内底与外底之间装有隔热中底，以保护高温作业人员足部在遇到热辐射、飞溅的熔融金属、火花或在热物面（一般不超过 300 ℃）上短时间行动时免受烫伤、灼伤的防护鞋。

（2）焊接防护鞋。焊接防护鞋必须是耐热、绝缘、耐磨、防滑的劳动保护鞋，能防御火花、熔融金属、高温金属和高温辐射等对足部的伤害，适用于气割、气焊、电焊及其他焊接作业。

（3）森林防火鞋。森林防火鞋是要求具有阻燃、防水、防潮和防滑性能的防护鞋。

（4）防振鞋。振动对人体的影响主要表现为头痛、头晕、疲劳、瞌睡、背部发痒、胸腹痛、臀部痛、会阴部痛、虚弱、消瘦、发音不清、发音不准、注意力分散及姿势平衡障碍、空间定位障碍、操作效率和视觉工作效率明显降低等。防振鞋具有减轻来自足部振动的作用，可预防振动对全身产生的不良影响。

（5）耐油防护鞋。耐油防护鞋可以防止汽油、柴油、机油、煤油等化学油品对足部皮肤的伤害。

（6）消防用靴。消防用靴包括消防用靴和消防员灭火防护靴两类，是针对消防特殊要求制作的，具有多功能的防护靴，如具有抗刺穿性、抗静电性、阻燃性等。

（7）矿工安全靴。矿工安全靴是供矿工穿用的、保护矿工足部及腿部免遭作业区域危害的全橡胶和全聚合材料靴。矿工安全靴具有足趾保护、抗刺穿、防静电、耐化学品、防油等功能。

防坠落用品的使用

一、防坠落用品基础知识

108. 什么是坠落伤害?

《高处作业分级》（GB/T 3608—2008）中规定，在距坠落高度基准面 2 m 或 2 m 以上有可能坠落的高处进行的作业，均称为高处作业。高处作业高度分为 2～5 m、5～15 m、15～30 m 及 30 m 以上 4 个区段，分别为Ⅰ、Ⅱ、Ⅲ、Ⅳ级。直接引起坠落的客观危险因素分为 11 种，包括：阵风风力 5 级（风速 8.0 m/s）以上；Ⅱ级或Ⅱ级以上的高温作业；平均气温等于或低于 5 ℃的作业环境；作业场地有冰、雪、霜、水、油等易滑物；作业场所光线不足，能见度差；Ⅲ级或Ⅲ级以上的体力劳动强度等。当存在一种或一种以上直接引起坠落的客观危险因素时，分级标准如下：2～5 m 的高处作业为Ⅱ级，5～15 m 的高处作业为Ⅲ级，大于 15 m 的高处作业为Ⅳ级。

当作业人员在进行高处作业时，如果出现意外从工作面向地面坠落的情况，就有可能造成坠落伤害。落地的冲击力若过大，可能造成胸部、腹部、泌尿系统外伤，还可能造成脊椎断裂、肋骨骨折、血胸、气胸、内脏损伤等，这些都称为坠落伤害。

◎**法律知识**

《中华人民共和国安全生产法》第五十七条规定，从业人员在作业过程中，应当严格落实岗位安全责任，遵守本单位的安全生产规章制度和操作规程，服从管理，正确佩戴和使用劳动防护用品。

109. 造成坠落事故的基本要素有哪些?

造成坠落事故的基本要素一般可分为以下 4 个方面。

（1）人的因素（不安全行为）。忽视、违反安全操作规程，作业人员操作失误，作业人员身体疲劳过度，作业人员身体方面存在某些缺陷。

（2）物的因素（不安全状态，包括物的不可靠性、不安全性）。设施结构不良，材料强度不够或磨损、老化，物的设置、定位不符合要求，外部的、自然的不安全状态，外部存在有害物质或危险物，防护用品、用具失效或有缺陷、缺置，防护方法不当，作业方法不安全。

（3）环境的因素（环境条件和管理条件）。工艺布置不合理，工作面窄小、场地混乱，作业环境颜色、照明、振动、噪声及温度、通风等不合理。

（4）管理上的因素。技术上的缺陷，如设计、选材、维修工艺流程、操作规程等不合格或不合理；对作业人员的培训、教育不够，作业人员的安全知识、技术知识或安全意识不够；劳动组织不合理，劳动纪律松弛；对上岗作业前作业人员的身体状态及心理状态了解不够。

110. 常用的坠落防护用品有哪些?

（1）安全网。安全网是用来防止人、物坠落，或用来避免、减轻坠落及物体打击伤害的网具，一般由网体、边绳、系绳等组成。安全网按功能分为安全平网、安全立网及密目式安全立网。

（2）安全带。安全带是在高处作业、攀登及悬吊作业中，固定作业人员位置、防止作业人员发生坠落或发生坠落后将作业人员安全悬挂的个体坠落防护装备，主要由带体、安全绳、缓冲器和金属配件等组成。安全带按作业类别分为区域限制用安全带、围杆作业用安全带、坠落悬挂用安全带。

（3）缓降装置。缓降装置是指可供作业人员以一定速度自行或由他人辅助从高处降落至地面的装置，一般由下降绳和限速部件等组成。缓降装置可分为自动缓降装置和手动缓降装置。

（4）水平生命线装置。水平生命线装置是以两个或多个挂点固定且任意两挂点间连线的水平角度不大于15°的，由钢丝绳、纤维绳、织带等柔性导轨或不锈钢、铝合金等刚性导轨构成的用于连接坠落防护装备与附着物（墙、地面、脚手架等固定设施）的装置。水平生命线装置按所用导轨不同，分为柔性水平生命线装置和刚性水平生命线装置。

（5）登杆脚扣。登杆脚扣是穿戴于脚部，用于电杆攀登作业的专业工具。

111. 滑动型防坠落器的技术要求有哪些?

（1）固定式垂直安全绳索允许滑动型防坠落器能上下无阻力地移动，避免滑动型防坠落器因意外脱离安全绳索。

（2）当开放点位于安全绳索的首尾两端之间时，只能通过双手启动打开。当关闭时，开放点带有自锁功能，而一般使用情况下，则可以避免滑动型防坠落器因意外脱离安全绳索。

（3）活动式垂直安全绳索允许滑动型防坠落器能上下无阻力地移动，避免滑动型防坠落器因意外脱离轨道。

（4）用于安全绳索的金属链条直径最小为 8 mm。

（5）绳索的最低承受拉力应符合垂直安全绳索的拉力测试要求。

（6）滑动型防坠落器能使垂直安全绳索自锁，无论安全绳索是紧绷还是松弛。

（7）锁的可靠性。在 1 000 次操作中，滑动型防坠落器垂直轨道或垂直安全绳索应该在没有滑程的情况下为锁住状况。

（8）带垂直安全绳的系统最大制动力为 6 kN。

112. 闭合式与开启式自锁连接器的技术要求有哪些?

（1）为了减少无意开启的可能，所有的连接器应具备自动闭合和自锁的功能，并且至少经过两次连续的有意动作才能开启。

（2）当自动闭合阀门从开启的位置释放时，应能自动关闭和锁住。

（3）连接器应能承受至少 20 kN 的作用力，持续 1 min，阀门不会损坏或无意开启。

二、安全带的使用

113. 安全带的性能要求有哪些?

安全带的性能要求主要有材料要求与外观、结构和尺寸要求。

（1）材料要求。安全带必须用锦纶、维纶、蚕丝等具有一定强度的材料制成。此外，用于制作安全带的材料还应具有质量小、耐磨、耐腐蚀、吸水率低和耐高温、抗老化等特点。电工围杆带可用黄牛皮带制成。安全带中使用的动物皮革不应有接缝。金属配件用普通碳素钢、合金铝等具有一定强度的材料制成。包裹绳子的绳套要用皮革、人造革、维纶或橡胶等耐磨、抗老化的材料制成。安全带中所使用的织带、绳套的材料续燃时间、阴燃时间应小于或等于 2 s，应无熔融、滴落现象。电焊时使用的绳套应阻燃。

（2）外观、结构和尺寸要求。

1）腰带必须是一条整带，宽度为 40 ~ 50 mm，长度必须大于或等于 1 300 mm。

2）安全绳的直径应大于或等于 13 mm。电焊工用绳须全部加套，其他悬挂绳可部分加套，吊绳不必加套。

3）金属配件表面光洁，不得有尖刺、麻点、裂纹、夹渣、气孔，边缘要呈圆弧形，表面必须防锈。金属圆环、半圆环、三角环、8 字环、品字环、三道联不许焊接，边缘要呈圆弧形。

4）护腰带宽度大于或等于 80 mm，长度必须保持在 600 ~ 700 mm，接触部分应垫有柔软材料，外层用织带或轻革包好，边缘圆滑、无尖角。

5）安全带各部分（如腰带、胸带、背带、护腰带、腿带、胯带、带箍等）均应用同一材料制作，线缝均匀，材质一致，颜色一致。

6）安全钩要有自锁装置（铁路调车员带除外），自锁钩用在钢丝绳上，金属钩的钩舌弹簧有效复原次数大于或等于 2 万次。钩舌与钩体咬口平整，不能偏斜。

114. 安全带的使用注意事项有哪些?

（1）在使用前应当检查安全带是否经质检部门检验合格，仔细检查各部分构件是否完好无损。

（2）使用安全带时，围杆绳上要有保护套，不允许在地面上拖着绳走，以免损伤绳套而影响主绳。不能随意加长安全绳，以避免潜在的危险。

（3）架子工单腰带式安全带一般使用短绳比较安全。如需使用长绳，选用双背式安全带比较安全。悬挂安全带不得低挂，应高挂低用或水平悬挂，并应防止安全带的摆动、碰撞，避开尖锐物体，不能接触明火。

（4）不能将安全绳打结使用，以免发生冲击时安全绳从打结处断开。

（5）不得私自拆换安全带上的各种配件。更换新件时，应选择合格的配件。单独使用 2 m 以上的长绳时应考虑补充措施，如在绳上加缓冲器、自锁钩或速差式自控器等。缓冲器、自锁钩或速差式自控器可以单独使用，也可以联合使用。

（6）作业时应将安全带的钩、环牢固地挂在系留点上，卡好各个卡子并关好保险装置，以防脱落。不能将安全带的钩直接挂在安全绳上。

（7）低温环境中使用安全带时，应注意防止安全绳变硬割裂。

（8）安全带外观有破损或发现异味时，应立即更换。

◎ **事故案例**

某住宅楼共 6 层，砖混结构。某日下午，架子工负责人安排没有架子工操作证的瓦工钟某搭设 3 楼脚手架。16 时 10 分左右，钟某未系安全带，站在自放且没有任何固定的长约 1.4 m、宽约 0.25 m 的钢模板上操作，钢模板搭在脚手架两根小横杆上，中间又放 1 根活动的短钢管未加固定。当钟某竖起一根 6 m 长、重约 24 kg 的钢管立杆与扣件吻合时，由于钢管部分向外伸出，钟某虽用力吻合数次，试图使其准确到位，但未能如愿。因外斜力过大，钟某在钢模板上失去重心，随钢管从 8.4 m 高处一同坠落至地面的跳板上。坠落时，钟某头面部先着地，安全帽跌落在 2 m 以外的地方。现场人员紧急送钟某到医院抢救，钟某终因失血过多死亡。

事故的直接原因：钟某安全意识淡薄，未经脚手架搭设技能培训，无上岗操作证，未严格按操作规程操作；虽戴安全帽，但未系安全带；不按操作规程施工，在搭设过程中对关键部位操作要领不清。

事故的间接原因：架子工负责人严重违章指挥，在钟某不具有架子工操作证、不系安全带和无安全防护的情况下，置安全操作规程于不顾，安排无证人员进行高处脚手架搭设；项目经理部未核验特种作业操作证，忽视对特种作业人员的管理。

115. 安全带在选用和保管养护方面应该注意哪些问题？

（1）安全带的选用应注意以下问题。

1）应根据工作性质和国家相关规定，正确选用适用的安全带类别。例如，架子工、油漆工应选用坠落悬挂用安全带，电工应选用围杆作业用安全带。

2）应选用经检验合格的安全带。使用和采购之前应检查安全带的外观和结构，检查部件是否齐全和完整，有无损伤，金属配件是否符合要求，产品和包装上有无合格标志，是否存在影响产品质量的其他缺陷。发现产品损坏或规格不符合要求时，应及时调换或停止使用。

3）安全带金属配件不能是焊接件，边缘要光滑。

（2）安全带的保管养护应注意以下问题。

1）安全带应储藏在干燥、通风的仓库内，不准接触明火、高温、强酸、强碱和尖利硬物，也不能暴晒。搬动时不能用带钩刺的工具，运输过程中要防止日晒雨淋，不可折叠。金属部件应涂上机油，以防生锈。

2）对于使用频繁的安全绳应经常做外观检查，发现异常时应及时更换新绳，并注意加绳套的问题。

3）安全带使用 2 年后，应做一次抽查。围杆作业用安全带以 2 206 N 静负荷 5 min 为标准，若无破裂则可继续使用。坠落悬挂用安全带应用80 kg重的沙袋自由坠落 1 m 进行冲击试验，若安全带不断则可继续使用。安全带使用期为 3~5 年，若发现异常情况，应提前报废。经过了一次大的冲击负荷的部件应废弃，应使用同一厂家或同一形式的部件组装。

116. 防坠落安全带有什么作用？其组成部分有哪些？

（1）防坠落安全带的作用。防坠落安全带作为预防作业人员坠落伤害的劳动防护用品，其作用就是当坠落事故发生时，使作用在人体上的冲击力小于人体的承受极限。通过合理设计安全带的结构，选择适当的材料，采用合适的配件，安全带可在冲击过程中吸收冲击能量，减少作用在人体上的冲击力，从而达到预防和减轻冲击事故对人体伤害的目的。

（2）防坠落安全带的组成部分如下。

1）安全绳。在安全带中连接系带与挂点的绳或带。

2）吊绳。装有自锁钩的绳，将其预先垂直、水平或倾斜挂好，自锁钩可在其上自由移动，长度可调。

3）围杆带、围杆绳。电工、电信和园林等工程围在杆上作业时使用的带子或绳子。

4）护腰带。缝有柔软型材料，附在腰带上，保护作业人员腰部的带子。

5）金属配件。金属配件由普通碳素钢、铝合金钢等材料制成，在安全带上起连接和悬挂作用。

6）自锁钩。带有自锁装置的钩，其工作原理：自锁钩在冲击力的作用下产生惯性，卡齿卡住吊绳，阻止人体继续坠落。

7）缓冲器。串联在系带和挂点之间，发生坠落时吸收部分冲击能量，降低冲击力。缓冲器的工作原理：当发生坠落时，缓冲器内部结构发生改变，通过摩擦、局部变形和破坏来吸收一部分能量，从而减小人体受到的冲击力。防坠落安全带与缓冲器配合使用时，一般可使冲击力下降40%~60%。

8）防坠器。防坠器又称速差自控器，是串联在系带和挂点之间，具备可随人员移动而伸缩长度的绳或带，在坠落发生时可由速度变化引发锁止制动作用的部件。防坠器的工作原理：利用速差进行控制。当绳索的拉出速度小于 1 m/s 时，在自控器内弹簧的作用下，绳索可自由伸缩。当绳索的拉出速度大于 1 m/s，即发生坠落时，绳子带动圆盘快速转动，使负责制动功能的棘爪由于惯性作用立即卡住圆盘上的凸角，使圆盘不能再转动，绳索不能继续拉出，从而起到防止坠落的作用。

117. 乘车用安全带有什么作用和效果？

乘车用安全带的作用是在车辆发生事故时，防止乘客由于惯性的原因撞到方向盘上或其他物体上，以免受到伤害。它可以将冲击力分散到全身，避免身体与玻璃、门框、方向盘等接触面积很小的物体相撞，而使身体局部受力过大。

在没有使用乘车用安全带时，汽车如果以 30 km/h 的速度行驶，此时急刹车，人体撞在汽车内侧物体上的加速度为 8~10 倍的重力加速度。速度为 40 km/h 时，加速度为 15~20 倍的重力加速度。速度 60 km/h 时，加速度可达 35~40 倍的重力加速度。如果以 50 km/h 的速度进行正面冲撞，汽车要前进 0.6 m 才能停止，此时乘客身体将受到严重伤害。而如果乘客使用了乘车用安全带，身体只会向前移动 10~15 cm，不会有任何损伤。

115

◎**事故案例**

某日，一位准车主在试驾某品牌车时车辆失控发生意外，坐在副驾驶座陪同试驾的女销售员由于未系安全带，事发后伤重死亡。

此次事故的直接原因是坐在副驾驶座的女销售员未按规定系好安全带，存在严重的安全隐患，最后导致其在车祸中身亡。

◎**法律知识**

《中华人民共和国道路交通安全法》第五十一条规定，机动车行驶时，驾驶人、乘坐人员应当按规定使用安全带，摩托车驾驶人及乘坐人员应当按规定戴安全头盔。

三、安全网和安全绳的使用

118. 安全网在选用时有哪些注意事项?

（1）必须严格依据使用的目的来选择安全网的类型，立网不能代替平网来使用。

（2）所选用的新网必须有近期产品检验合格报告，旧网必须是经过检验合格的，并有允许使用的证明书。

（3）当以防止人和物体坠落伤害为主要目的时，应选用合格的安全平网、安全立网或密目式安全立网。安全平网和安全立网可以防止人、物坠落，或者用来避免、减轻坠落及物体打击伤害。密目式安全立网的网眼孔径不大于 12 mm，可以阻挡人员、视线、自然风、飞溅及失控小物体。

（4）受过冲击、做过试验的安全网不允许再使用。

119. 安全网在使用时有哪些注意事项？

（1）安全网在使用时应避免以下现象的发生：

1）随意拆除安全网的部件；

2）人员跳入或将物体投入安全网内；

3）在安全网内或下方堆积物品；

4）安全网周围有严重的腐蚀性烟雾存在；

5）大量焊接火星或其他火星落入安全网内。

（2）对于使用中的安全网应进行定期的检查，并及时清理网上的落物。当发生下列情况之一时，应及时进行修理或更换：

1）安全网受到较大的冲击；

2）安全网发生霉变或受到腐蚀；

3）系绳脱落；

4）安全网发生严重的变形或磨损；

5）网的搭接处脱开。

（3）安全网应有跟踪使用记录，不使用时应妥善存放、保管，防止受潮发霉。

120. 如何正确安装安全网?

（1）安装前要对安全网和支撑物进行检查，确认无误后才能安装。要检查网的标志与自己所选用的网是否相符合，检查网体是否存在影响使用的缺陷，检查支撑物是否有足够的强度、刚性和稳定性，系结安全网的地方应无尖锐的边缘。

（2）安全网上的每根系绳都应与支架系结，四周边绳（边缘）应与支架贴紧，系结应遵循打结方便、连接牢固又易于解开、工作中受力不会解脱的原则。安装有筋绳的安全网时，还应把筋绳连接在支架上。

（3）安装密目网时，网上的每个环扣都必须穿入符合规定的纤维绳，允许使用强力或其他性能不低于标准规定的绳索（如钢丝绳或金属线）代替，系绳绑在支撑物（或架子）上时应遵循打结方便、连接牢固、易于拆卸的原则。

（4）平网网面不宜绷得过紧。当网面与作业高度差大于 5 m 时，其伸出长度应大于 4 m；当网面与作业高度差小于 5 m 时，其伸出长度应大于 3 m。平网与下方物体表面的最小距离应不小于 3 m，两层平网间距不得超过 6 m。

（5）立网网面应与水平面垂直，并与作业面边缘的最大间隙不超过 10 cm。

（6）安装结束后的安全网应在经专人检验，确认符合要求后，才能使用。

◎ **事故案例**

某日下午，某市一建筑队承包某单位外墙的粉刷工作。因为粉刷工作即将完成，施工队为图省事，只是在工作地点搭建了工作平台，但没有在四周布上安全网。15 时 10 分左右，粉刷工陈某在工作平台最右侧对墙体进行粉刷时，一不小心失去重心倒向平台外。由于防坠落安全带很久没有进行检修，本身存在安全隐患，导致防坠落安全带没有在陈某坠落时起到应有的保护作用，造成陈某从 5 层楼高的工作平台坠落。

这起事故的主要原因是施工队麻痹大意，没有按照高处作业的规定在作业平台周围布上安全网。次要原因是防坠落安全带没有做定期的检修，自身存在安全隐患。所以，在进行高处作业时，决不能图省事而不布置相应的防护用品，同时也要保证劳动防护用品能正常使用，不存在安全隐患。

121. 怎样正确使用高处作业用安全绳？

因为安全绳多为作业人员在高处作业时配合安全带使用，所以在此介绍高处作业时手扶水平安全绳。

为保证高处作业人员在移动过程中始终有安全保障，当进行特别危险的作业时，作业人员在系好安全带的同时，应系挂安全绳。手扶水平安全绳设置在高处作业的特殊部位，如悬空的钢梁、框架连接梁等，可作为保持人体重心平衡的防坠落的扶绳。

手扶水平安全绳的设置及使用要求包括以下内容。

（1）手扶水平安全绳宜采用带有塑胶套的纤维芯钢丝绳，其技术性能应符合《钢丝绳通用技术条件》（GB/T 20118—2017）的规定，并有产品生产许可证和产品出厂合格证。

（2）钢丝绳两端应固定在牢固可靠的构架上，在构架上缠绕不得少于 2 圈，与构架棱角处相接触时应加衬垫。

（3）钢丝绳端部固定连接应使用绳卡（也称钢丝绳夹头），绳卡压板应在钢丝绳长头的一端，绳卡数量应不少于 3 个，绳卡间距应不小于钢丝绳直径的 6 倍。安全夹头安装在距最后一只夹头约 500 mm 处，应将绳头放出一段安全弯后再与主绳夹紧。

（4）钢丝绳固定高度应为 1.1~1.4 m，每间隔 2 m 应设一个固定支撑点，钢丝绳固定后弧垂应为 10~30 mm。

（5）手扶水平安全绳仅在高处作业特殊情况下使用，作为作业人员行走时的扶绳，严禁作为安全带悬挂点使用。应经常检查固定端或固定点是否有松动现象，钢丝绳是否有损伤和腐蚀、断股现象。

（6）禁止使用麻绳作为安全绳。

（7）使用 3 m 以上的长绳要加缓冲器。

（8）一条安全绳不能两人同时使用。

◎**事故案例**

某日下午某工地内，一批工人在建筑外围拆卸不用的脚手架。一名工人因为嫌麻烦，没有佩戴高处作业用的安全绳或其他防坠落用品，不慎从建筑物七层、距地面约 20 m 的高处摔落下来。摔落过程中，脚手架和安全网只是起到了缓冲作用，并没有阻止其下落。该工人连翻带滚地摔下，满脸鲜血。

这起事故的直接原因是该工人没有按照规定佩戴高处作业用的安全绳或其他防坠落用品。这起血淋淋的事故案例提醒所有的高处作业人员，一定要按照规定佩戴相应的防坠落用品，切不可麻痹大意，否则后果是十分惨重的。

122. 如何维护与保养安全绳?

（1）每条绳子都应有使用记录。可在每次使用后做简单扼要的记录。

（2）使用绳子时，不要让它接触地面，绝对禁止踩绳子。最好将绳子放在可以使其完全摊平的绳袋上，以避免砂石进入绳子里慢慢地割断绳皮或绳芯纤维。

（3）尽量避免将绳子拉过粗糙或尖锐的地形。做岩降时，要将绳子和岩角接触的部分用布或绳套套住。

（4）绳子不可直接绑在树上或直接挂进钩环，也不要将两条绳子挂进同一个钩环（双绳例外），因为绳子会互相摩擦，而摩擦对绳子伤害很大。

（5）要正确地岩降，高速下降产生的温度会破坏绳皮，跳跃式的垂降则会对固定点和绳子造成非常大且不必要的负荷。

（6）每次使用后要用手检查绳子，感受绳子上的异常处。例如，某处突然扁下去，其他地方粗细不同，或某一段特别松弛等。

（7）绳子应定期清洗，用冷水和中性清洁剂稍微浸泡一下，之后不断地搅拌，确保绳子各处都能洗到。对于特别脏的地方，可用软刷轻轻地刷洗。可多换几次水，确定所有清洁剂都冲掉后，再将绳子摊开在地上或吊起来，置于阴凉通风处自然干燥，不能暴晒。

（8）安全绳应避免接触化学物品，应存放在避光、凉爽和无化学物品的地方，最好使用专用绳包存放安全绳。

第九部分

其他防护用品的使用

一、防护手套的使用

123. 什么是防护手套?

防护手套是防御物理、化学和生物等外界因素伤害的手部防护用品，包括劳动防护手套和一般工作手套。劳动防护手套具有保护手和手臂的功能，一般工作手套防御摩擦和脏污等普通伤害。

防护手套的种类繁多，除防化学品外，还有防切割、防穿刺、电绝缘、防静电、防水、防寒、防热辐射、防电离辐射、耐火阻燃等功能。需要说明的是，一般的防酸碱手套与防化学品手套并非完全等同，由于不同防化学品手套具有不同的渗透能力，所以需要时应根据具体情况选择相应的防护手套。

依据防护手套的特性，参考化学品可能的接触机会，考虑化学品的存在状态（气态、液体）和浓度，选用适当的手套以确保手部免受伤害。例如，由天然橡胶制造的手套可应对一般低浓度的无机酸，但不能抵御浓硝酸及浓硫酸。橡胶手套对病原微生物、放射性尘埃有良好的阻断作用。

124. 防护手套的结构特征是什么？

（1）防护手套分有衬里和无衬里两种类型。无衬里手套具有优异的触感，使劳动者的双手可灵活工作。有衬里的手套（衬里一般为针织，手套加上衬里后提高了结构强度）可以更好地防割、切、刺穿，但触感不如无衬里手套。

（2）具有抓握设计。手掌和手指部分的表面经过处理后，可在干、湿环境中牢牢抓握物体。通常在这两个部分有 PVC（聚氯乙烯）点珠、线条或其他图案装饰，以增加其摩擦力，适合对手部灵活性有一定要求的劳动者作业使用。

（3）具有袖口设计。袖口类型主要有防撕裂可卷袖口、针织袖口和直筒袖。袖口可保护腕部及以上部位，标准安全袖口一般长度为 6.35 cm，而直筒袖一般为 11.43 cm 或更长，适合于经常接触腐蚀性物质的劳动者作业使用。

125. 防护手套有什么作用？

（1）防御火与高温、低温的伤害。

（2）防御电磁与电离辐射的伤害。

（3）防御电、静电的伤害。

（4）防御撞击、切割、摩擦等机械伤害。

（5）防御化学品伤害、微生物侵害以及感染。

◎事故案例

某日上午，某木材加工场内，工人李某正在对木材进行切割加工。因为是夏天，加工场内温度较高，李某没有按规定佩戴防护手套。李某工作时注意力不集中，手掌被切割设备割伤，导致部分食指和中指被割断。

这起事故的主要原因是李某没有按照相关操作规定佩戴防护手套。次要原因是班组长或其他人员没有及时制止和纠正李某的违规行为。这起事故说明，劳动者一定要按照相关规定佩戴好劳动防护用品，如果有人员违规，班组长或其他人员应该及时制止和纠正。

126. 常用的防护手套有哪些种类?

（1）机械危害防护手套。用于保护手或手臂免受摩擦、切割、穿刺中至少一种机械伤害。

（2）防热伤害手套。用于防护火焰、接触热、对流热、辐射热、少量熔融金属飞溅或大量熔融金属泼溅等一种或多种形式热伤害的手套。

（3）带电作业用绝缘手套。具有良好的绝缘和耐高压功能，用于高低压线路或设备带电维修。

（4）防化学品手套。能够防御各类化学品对劳动者手部和手臂的伤害。

（5）防寒手套。用于防御低温环境对劳动者手部的伤害。

（6）防静电手套。用于需要戴手套操作的防静电环境，用防静电针织物为面料缝制或用防静电纱线编织而成。

（7）焊工防护手套。保护手部和腕部免遭熔融金属滴、短时接触有限的火焰、对流热、传导热和弧光的紫外线辐射以及机械性的伤害，且其材料具有能耐受高达 100 V（直流）的电弧焊的最小电阻。

（8）电离辐射及放射性污染物防护手套。保护劳动者的手部免遭作业区域电离辐射及放射性污染物危害。

127. 选用防护手套的注意事项有哪些?

（1）应选择符合相关国家标准要求的产品，确保选择的手套（如材料、结构）不会有损劳动者的安全与健康。

（2）防护手套的种类很多，应根据防护功能来选用。若手部同时受到多种因素危害，应选用同时能防御相应危害的防护手套，或者多层佩戴，并保证防护的有效性和使用的灵活性。应明确防护对象，然后仔细选用。例如，对于耐酸碱手套，有的能耐强酸和强碱，有的只能耐低浓度的酸碱。而各种防护手套耐有机溶剂和化学试剂的能力又各有不同。因此，不能胡乱选用，以免发生意外。

（3）应考虑暴露于化学有毒物质的时间。暴露时间越长，防护手套的防护效能应越高。

（4）在相同效能的两种手套中，应选用较薄的一种。而且手套的尺寸要符合工作的需要，如果手套太紧，就会限制血液流通，容易造成疲劳；如果太松，就会使用不灵活，且容易脱落。同时，防护手套一定要舒适。

（5）使用前向手套内吹气，用手捏紧套口，用力压手套，观察是否漏气，若漏气则不能使用。

（6）绝缘手套选用前应检验电绝缘性能，防化学品手套应进行化学品防护测试。应制订一套选购标准与实际使用状况相吻合的防护手套选购计划。

（7）乳胶手套只能用于弱酸、浓度不高的硫酸等，不得接触强氧化剂，如硝酸等。天然橡胶制手套使用时不得与酸、碱、油类长时间接触，并应防止尖锐物体穿刺。

（8）防水、耐酸碱手套使用前应仔细检查，观察其表面是否有磨损。如有严重磨损，则不能选用；如果只是稍有磨损，也可继续使用，但应在手套外面再罩上一副纱或皮革手套，以保障安全。

（9）所有的橡胶、乳胶、合成橡胶制手套的颜色必须均匀，手套除手掌部要求偏厚外，其他部分薄厚要相差不多，表面要光滑（为防滑在手掌面部制成条纹或颗粒状止滑花纹者除外）。在手掌面部不允许有大于1.5 mm的气泡存在，允许有轻微皱皮，但不得有裂纹存在。

128. 防护手套应有哪些标志标识与使用说明？

（1）防护手套应有的标志标识如下：

1）防护手套商标、生产商或经销商的说明；

2）防护手套的名称（商业名称或代码，以便劳动者知道生产商和适用范围）；

3）大小型号；

4）如有必要，标上有效期。

（2）防护手套的外包装应标注的内容如下。

1）生产商和经销商的全名及地址。

2）手套标志标识中1）、2）、4）项的信息。

3）详细阅读使用说明的提示。

4）防护手套只能适用于以下情况时，在外包装上要印"最低危害防护"：

① 仅影响皮肤表面的机械工作（园艺防护手套等）；

② 轻腐蚀性并易消除影响的危害（清洁剂防护手套等）；

③ 操作灼热工件时，劳动者暴露在不超过50 ℃的高温危害环境及危险冲击环境下；

④ 既非异常又非极端的自然大气条件（季节性服装）；

⑤ 不会产生致命影响，也不会产生无法消除影响的小型冲击和振动。

5）当手套根据相关标准测试，能达到 1 级或更高性能等级时，应予以标识，并标明性能等级。

6）当手套的防护作用仅限于手的一部分时，应予以说明。

129. 防护手套在使用时有哪些注意事项？

使用防护手套前，首先应了解不同种类手套的防护作用和使用要求，以便在作业时正确选择。切不可把一般场合用的手套当作专用防护手套来使用，避免在不同作业环境中使用同一双手套。防护手套应合适，避免手套过长，否则易被机械绞或卷住，使手部受伤。

不同的防护手套有其特定的用途和性能，在实际工作时一定要结合作业情况来正确使用，以保护手部安全。以下是在使用防护手套时的几点注意事项：

（1）使用前应检查防护手套有无明显缺陷，损坏的防护手套不允许继续使用；

（2）严格按照产品说明书进行使用，不应使用超过使用期限的手套，不应与他人共用手套；

（3）手套使用前后应清洁双手，佩戴时应将衣袖口套入手套内，以防发生意外；

（4）普通操作应佩戴防机械伤害手套，可用帆布、绒布、粗纱手套，以防丝扣、尖锐物体、毛刺、工具等伤手；

（5）冬季应佩戴防寒棉手套，对导热油、三甘醇等高温部位操作也应使用棉手套；

（6）使用甲醇时必须佩戴防毒乳胶或橡胶手套；

（7）加电解液或打开电瓶盖时要使用耐酸碱手套，注意防止电解液溅到衣物上或身体其他裸露部位；

（8）焊割作业应佩戴焊工防护手套，以防焊渣、熔渣等烧坏衣袖或烫伤手臂；

（9）配备耐火阻燃手套，用于救火减灾；

（10）操作转动机械作业时，禁止使用编织类防护手套；

（11）手套，特别是被凝析油、汽油、柴油等轻质油品浸湿的手套，使用完毕应及时清洗油污，禁止戴此类手套吸烟、点火、烤火等，以防点燃手套。

130. 如何对防护手套进行维护与保管？

（1）有液密性或气密性要求的手套表面出现不明显的针眼，可以采用充气法将手套膨胀至原来的 1.2~1.5 倍，浸入水中，检查是否漏气。

（2）使用后应清洁并检查防护手套，达到报废条件的应进行报废处理。橡胶、塑料类防护手套在使用后应将其冲洗干净，并晾干。保存时应避免高温，并在制品上撒上滑石粉，以防止其粘连。

（3）应根据相关标准或产品说明书要求对防护手套定期进行性能检测，如绝缘手套每 6 个月进行一次绝缘性能检测。

（4）防护手套接触强氧化性酸，如硝酸、铬酸等，会因强氧化作用使防护手套发脆、变色、早期损坏，高浓度的强氧化性酸甚至会烧损防护手套，所以在保存防护手套过程中都应注意。

（5）防护手套应储存在清洁、干燥、通风、无油污、无热源或阳光直射、无腐蚀性气体的地方。

二、听觉器官防护用品的使用

131. 什么是噪声？噪声会对人的听觉造成什么伤害？

（1）噪声的定义。从物理学的观点出发，噪声就是各种不同频率和强度的声音无规律地杂乱组合。从生物学的观点来讲，凡是使人烦躁的、讨厌的、不需要的声音都称为噪声。

（2）噪声对人听觉的伤害如下。

1）暂时性听阈位移。暂时性听阈位移是指人或动物接触噪声后引起听阈变化，脱离噪声环境后经过一段时间听力可恢复到原有水平，根据变化程度不同可分为听觉适应和听觉疲劳。

① 听觉适应。听觉适应指短时间暴露在强烈噪声环境中，感觉声音刺耳、不适，停止接触后，听觉器官敏感性下降，对外界的声音有"小"或"远"的感觉，听力检查听阈可提高 10~15 dB，离开噪声环境后 1 min 之内可以恢复。

② 听觉疲劳。听觉疲劳指较长时间停留在强烈噪声环境中，引起听力明显下降，离开噪声环境后，听阈提高 15~30 dB，需要数小时甚至数十小时才能恢复听力。

2）永久性听阈位移。永久性听阈位移是指噪声引起的不能恢复到正常水平的听阈升高。根据损伤的程度，永久性听阈位移又分为听力损伤及噪声性耳聋。

① 听力损伤。此时患者主观无耳聋感觉，交谈和社交活动能正常进行。

② 噪声性耳聋。人们在工作过程中，由于长期接触噪声而发生的一种进行性的感音性听觉损伤。早期损伤主要在高频范围内，国际标准化组织（ISO）确定听力损失 25 dB 为耳聋的标准。

3）爆震性耳聋。在某些生产条件下，如进行爆破，由于防护不当或缺乏必要的防护设备，可因强烈爆炸所产生的振动波造成急性听觉系统的严重外伤，引起听觉丧失，称为爆震性耳聋。根据损伤程度不同，可出现鼓膜破裂、听骨破坏、内耳组织出血，甚至同时伴有脑震荡。患者的主要症状有耳鸣、耳痛、恶心、呕吐、眩晕，听力检查严重障碍或完全丧失。

◎ **相关知识**

噪声性耳聋为我国法定的职业病，其诊断的依据有：强噪声的职业接触史、耳鸣症状和自觉听力下降及电测听的听力下降资料、结合工作现场的卫生学资料、排除其他致聋原因（中耳炎、药物、老年聋、外伤等）。人耳正常听力下普通交谈为 55~65 dB，个别可低至 15 dB，一般认为听力损失在 25~40 dB 为轻度耳聋，40~55 dB 为中度耳聋，70~90 dB 为重度耳聋，90 dB 以上为极端耳聋。

132. 常用的听觉器官防护用品有哪些？各有什么特征？

听觉器官防护用品主要有耳罩和耳塞两大类。耳罩是由压紧耳廓或围住耳廓四周并紧贴头部的罩杯等组成的护听器，限制声能通过外耳进入耳鼓及中耳和内耳。耳塞是塞入外耳道内或堵住外耳道入口的护听器，用于阻止声能进入。需要注意的是，这两种防护用品均不能阻止相当一部分的声能通过头部传导到听觉器官。

（1）耳罩。耳罩按佩戴方式分为环箍式耳罩和挂安全帽式耳罩，其中环箍式耳罩分为头顶式、颈后式、下颏式、多向环箍式。头顶式指佩戴时环箍经过头顶，颈后式指佩戴时环箍经过颈后，下颏式指佩戴时环箍经过下颏，多向环箍式指可按头顶式、颈后式及下颏式佩戴。罩杯通常装有树脂塑胶泡沫材料，达到把耳朵密封起来的效果。罩杯里充填吸声材料。耳罩的密封性取决于耳罩的设计、密封的方法及佩戴的松紧程度。

（2）耳塞。耳塞按设计类型分为塑形耳塞、预成形耳塞、定制耳塞等；按佩戴方式分为环箍式耳塞和不带环箍的耳塞，其中环箍式耳塞分为头顶式、颈后式、下颏式、多向环箍式；按使用次数分为随弃式耳塞、可重复使用的耳塞。耳塞用树脂泡沫材料或者橡胶等制成，随弃式耳塞用完了就可丢弃，可重复使用的耳塞在使用后要特别注意耳塞的清洁问题。另外，要注意耳塞和劳动者的耳道是否匹配。

耳塞的优点是结构简单、体积小、重量轻、价廉、使用方便，对中、高频噪声有较好的隔声效果。缺点是对低频噪声的隔声效果较差，当佩戴时间长或耳塞大小选用不当时，主观感觉不舒适，易引起耳道疼痛。

133. 在选用听觉器官防护用品时，不同产品的降噪效果有何区别？

这里就3种较为常用的听觉器官防护用品的降噪效果进行对比。

（1）圣诞树形防护耳塞的轮廓设计与降噪效果比较好，可以清洗和反复使用，并配有便携式外盒。降噪效果为25 dB，各频率声衰减值见表9-1。

表9-1　　　　　圣诞树形防护耳塞各频率声衰减值

频率/Hz	125	250	500	1 000	2 000	3 150	4 000	6 300	8 000
平均衰减/dB	30.2	30.7	31.4	31.5	35.2	37.4	37.8	39.5	43.9

（2）子弹形慢回弹防护耳塞的轮廓设计与降噪效果比较好，表面光滑，经过防污处理，佩戴卫生、安全。它是带线耳塞，细线能防缠绕和丢失。降噪效果为 29 dB，各频率声衰减值见表 9-2。使用时先把耳塞捏小，再放入耳内，耳塞会自动回弹进而密闭耳朵，达到降噪的目的。

表 9-2　　子弹形慢回弹防护耳塞各频率声衰减值

频率/Hz	125	250	500	1 000	2 000	3 150	4 000	6 300	8 000
平均衰减量/dB	35.0	38.7	37.2	36.7	35.8	40.3	40.7	41.3	42.5

（3）防噪声防护耳罩的罩杯位置可以调节，罩杯的面积大，且内部衬垫柔软，佩戴舒适，降噪效果为 23 dB，其各频率声衰减值见表 9-3。

表 9-3　　防噪声防护耳罩各频率声衰减值

频率/Hz	125	250	500	1 000	2 000	3 150	4 000	6 300	8 000
平均衰减量/dB	15.0	20.9	27.5	30.8	33.5	33.8	36.9	36.1	36.9

◎**相关知识**

《工作场所有害因素职业接触限值　第 2 部分：物理因素》（GBZ 2.2—2007）中规定，按每周工作 5 天，每天工作 8 h 计算，8 h 等效声级或 40 h 等效声级的噪声限值为 85 dB。

134. 听觉器官防护用品的选择有哪些基本要求?

（1）选择听觉器官防护用品要充分考虑使用环境和劳动者的条件，保障劳动者的人身安全与健康。

（2）听觉器官防护用品应在提供有效听力保护的同时不影响生产作业的进行，避免过度保护。

（3）听觉器官防护用品应具有较好的佩戴舒适性，避免由于佩戴不舒适导致劳动者不按正确的方式使用，从而降低其听力防护作用。

（4）高温、高湿环境中，耳塞的舒适度优于耳罩。

（5）一般狭窄有限空间里，宜选择体积小、无突出结构的听觉器官防护用品。

（6）短周期重复的噪声暴露环境中，宜佩戴摘取方便的耳罩或半插入式耳塞。

（7）工作中需要进行语言交流或接收外界声音信号时，宜选择各频率声衰减性能比较均衡的听觉器官防护用品。

（8）强噪声环境下，当单一听觉器官防护用品不能提供足够的声衰减值时，宜同时佩戴耳塞和耳罩，以获得更高的声衰减值。

（9）如果劳动者留有长发或耳廓特别大，或头部尺寸过大或过小而不宜佩戴耳罩时，宜使用耳塞。

（10）劳动者如需同时使用防护手套、防护眼镜、安全帽等防护用品时，宜选择便于佩戴和摘取、不与其他防护用品相互干扰的听觉器官防护用品。

（11）选择听觉器官防护用品时要注意卫生问题，如无法保证佩戴时手部清洁，应使用耳罩。

（12）耳道疾病患者不宜使用插入式或半插入式耳塞。

（13）皮肤过敏者选择听觉器官防护用品时需谨慎，应做短时佩戴测试。

135. 怎样正确使用和保管听觉器官防护用品？

（1）耳塞的正确使用方法如下。

1）在使用各种耳塞时，要先将耳廓向上提拉，使耳甲腔呈平直状态，然后手持耳塞柄，将耳塞帽体部分轻轻推向外耳道内，并尽可能地使耳塞体与耳甲腔相贴合。但不要用劲过猛、过急或插得太深，以自我感觉适度为止。

2）戴后感到隔声不良时，可将耳塞稍微缓慢转动，调整到效果最佳位置为止。如果经反复调整仍然效果不佳时，应考虑改用其他型号、规格的耳塞，以选择最佳者定型使用。

3）使用后应将耳塞放入盒子内，以免受热、挤压而变形。耳塞不能与油类及酸碱接触，用完后要用肥皂清洗并晾干，橡胶耳塞可以撒少许滑石粉，以防变质。

4）佩戴硅橡胶自行成型的耳塞，应分清左、右塞，不能弄错。放入耳道时，应转动耳塞并放正位置，使之紧贴耳甲腔内。

5）佩戴泡沫塑料耳塞时，应将圆柱体搓成锥形体后再塞入耳道，让塞体自行回弹，充满耳道。

（2）耳罩的正确使用方法如下。

1）将连接弓架放在头顶适当位置，尽量使耳罩软垫圈与周围皮肤相互密合。如不合适时，应移动耳罩或弓架，调整到合适位置为止。

2）在使用耳罩时，应先检查罩壳有无裂纹和漏气现象，佩戴时应注意罩壳的方向，顺着耳廓的形状戴好。

3）无论戴耳罩还是耳塞，均应在进入有噪声车间前戴好，在噪声区不得随意摘下，以免伤害耳膜。如确需摘下，应在休息时或离开后，到安静处取出耳塞或摘下耳罩。

（3）正确的保管方法如下。

1）耳塞或耳罩在使用后，要用消毒液、酒精等进行清洁后再保管（一次性使用的听觉器官防护用品除外）。

2）耳塞或耳罩软垫用后需用肥皂、清水清洗干净，晾干后再收藏备用。橡胶制品应防热变形，同时撒上滑石粉储存。

◎ **事故案例**

某年，某煤矿企业的一个矿井需要进行井下爆破。爆破工王某没有按照相关的规定佩戴相应的听觉器官防护用品，致使巨大的爆炸声造成其爆震性耳聋、呕吐，并伴有轻微的脑震荡。经过医院诊治，王某身体恢复健康。

此次事故的原因是王某不按规定佩戴相应的听觉器官防护用品，导致其受伤。同时，矿井的管理也出现了问题，班组长并未及时纠正王某的违规操作。

三、高温、易燃、易爆作业场所防护用品选用时的注意事项

136. 易燃、易爆作业场所防护用品选用时的注意事项有哪些?

易燃、易爆作业防护是指作业环境中存在易燃、易爆物，容易因人为因素而发生火灾爆炸事故，除应建立健全严格的操作管理制度外，还必须为劳动者选用一些防护用品，以从个体自身进行防护。

易燃、易爆作业场所防护用品选用的注意事项主要有以下几点：

（1）应选用防静电的防护用品，不选用纯化纤的防护用品；

（2）应选用阻燃、抗熔融的防护服装，并应配备必要的不产生

纯氧的呼吸器官防护用品；

（3）在易燃、易爆作业场所应安装防爆设备，并设置灭火器具；

（4）应选用相关的监测、检测仪器设备，及时地监测、检测并控制作业场所易燃、易爆物的浓度，防止火灾爆炸事故的发生。

137. 高温作业场所防护用品选用时的注意事项有哪些?

（1）应佩戴降温头盔、通风降温铝箔隔热安全帽、带风机的安全帽、防晒伞帽等。

（2）应选择穿着降温背心或铝箔布隔热服、降温服等。

（3）可以为劳动者提供含盐 0.1% ~ 0.2%（质量分数）的饮料或凉茶、冰绿豆粥等。

（4）在高温抢修时可选用冷却防热服。

◎ **相关知识**

冷却防热服用于保护在高温地区工作的劳动者，使其免受高温伤害，提高工作效率。普通冷却防热服由冰衣和冰袋组成。冰衣有 3 层：内层为尼龙编织物，中层为隔热聚酯毡，外层为镀铝玻璃纤维服。其袖口、领口和胸带是由加宽编织物制成的，可以使上身严密不透气。冰袋用纽扣扣在冰衣的内层胸前和背部，由 44 个隔离的冰槽组成。根据作业环境温度的不同，一般可以连续使用 1 ~ 2 h。《工业企业设计卫生标准》（GBZ 1—2010）中规定，对于劳动者室内和露天作业 WBGT 指数不符合标准规定的，应根据实际接触情况采取有效的个人防护措施。WBGT 指数限值按《工作场所有害因素职业接触限值　第 2 部分：物理因素》（GBZ 2.2—2007）确定。例如，接触时间 8 h，体力劳动强度为 IV 级时，WBGT 指数限值为 25 ℃；体力劳动强度为 I 级时，WBGT 指数限值为 30 ℃。

当高温时间较长，工作地点的热环境参数达不到卫生要求时，应采取降温措施。高温作业车间应设有工间休息室。休息室应远离热源，采取通风、降温、隔热等措施，使温度不高于 30 ℃；设有空气调节的休息室室内气温应保持在 24~28 ℃。对于可以脱离高温作业点的，可设观察（休息）室。当作业地点日最高气温不低于35 ℃时，应采取局部降温和综合防暑措施，并应缩短高温作业时间。

◎**事故案例**

某日 17 时许，刘某在某高速公路服务区施工过程中突感头晕，随后被就近送至村卫生所治疗，工友拨打了 120 急救电话。经测量，刘某体温为 40 ℃，属重度中暑，虽经急救，但在 120 急救车运送途中，刘某因重度中暑热衰竭死亡。

该事故的原因是刘某在室外从事高温作业，因缺乏有效的防护措施导致重度中暑，引发脑水肿等而死亡。